GNOMONIQUE GRAPHIQUE,

OU

MÉTHODE SIMPLE ET FACILE

POUR TRACER LES CADRANS SOLAIRES

SUR TOUTE SORTE DE PLANS,

ET SUR LES SURFACES DE LA SPHÈRE ET DU CYLINDRE DROIT,

Sans aucun calcul, et en ne faisant usage que de la règle et du compas.

DEUXIÈME ÉDITION,

SUIVIE DE LA

GNOMONIQUE ANALYTIQUE,

Ou solution par la seule analyse, de ce problème général : *Trouver les intersections des cercles horaires avec une surface donnée.*

Par Jʰ. MOLLET,

Ex-Doyen de la Faculté des Sciences ; Secrétaire de l'Académie des Sciences, Belles-Lettres et Arts de Lyon; des Académies d'Aix, de Marseille et de Livourne; Professeur de Physique et de Géométrie pratique au Musée de Lyon.

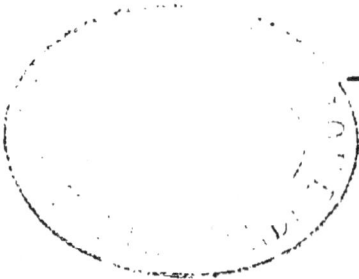

PARIS,

Mᵐᵉ Vᵉ COURCIER, LIBRAIRE POUR LES SCIENCES,

RUE DU JARDINET-SAINT-ANDRÉ-DES-ARCS, N° 12.

1820.

DE L'IMPRIMERIE DE HUZARD-COURCIER,

RUE DU JARDINET, N° 12.

PRÉFACE.

Il y a quelques années que je fis imprimer un travail, auquel je donnai le titre de *Gnomonique analytique*, parce qu'il contenait toutes les formules des cadrans solaires, déduites de la seule équation du plan horaire, combinée soit avec l'équation d'un plan situé d'une manière quelconque, soit avec l'équation des surfaces du second degré. Ces formules, au moins pour tous les cas les plus ordinaires, se sont offertes sous une forme si simple, que le tracé des lignes horaires se réduit, par leur moyen, à un petit calcul d'une extrême facilité. Il suffit, pour en faire usage, de connaître la construction et l'emploi d'une table des *sinus* et *logarithmes*.

Depuis ce temps, les mêmes questions de Gnomonique se sont présentées à moi, comme application de la Géométrie descriptive, science qui exclut toute espèce de calcul, et qui n'admet autre chose que des opérations graphiques. J'ai donc cherché la manière de tracer les lignes horaires sur une surface donnée, en ne faisant usage que de la règle et du compas ; et c'est cette méthode que j'expose ici avec le plus de clarté et de brièveté qu'il m'a été possible.

Sans doute que mon procédé n'est pas tout-à-fait nouveau : car j'avouerai que je n'ai lu, ou plutôt entrepris de lire, qu'un ou deux traités de Gnomonique, qui me sont par hasard tombés sous la main. Mais au premier abord ces ouvrages m'ont paru si peu clairs, que j'ai cru plus commode de chercher par moi-même la solution de ces sortes de problèmes, que de m'assujétir à suivre les solutions données par les autres. Je ne sais si l'on pourra en dire autant de celles que je présente ici; mais je puis assurer que j'ai fait tous mes efforts pour les mettre dans le jour le plus évident, et pour leur donner la forme la moins embrouillée. J'espère que les personnes qui voudront prendre la peine d'en suivre les détails, demeureront convaincues que ma méthode, si elle n'est pas entièrement neuve, est au moins la plus simple, la plus facile et la plus générale que l'on ait encore donnée sur ce sujet. On trouvera de plus ici la solution de quelques problèmes, qui ne peuvent manquer d'intéresser les amateurs de la Gnomonique.

GNOMONIQUE GRAPHIQUE.

NOTIONS PRÉLIMINAIRES.

La Gnomonique est la science qui enseigne à construire les *cadrans solaires*.

On entend par cadran solaire, un assemblage de lignes décrites sur une surface d'après de certaines règles, et combinées avec une verge métallique implantée dans cette surface, et disposée de manière que l'heure est indiquée par la coïncidence de son ombre avec les lignes du cadran.

Ces lignes s'appellent les *lignes horaires*, parce qu'en effet elles servent à faire connaître l'heure qu'il est au soleil. La verge métallique prend le nom de *style*; on la nomme aussi l'*axe*, parce qu'on la considère comme faisant partie de l'axe du monde, parallèlement auquel elle est toujours placée.

A cause de la grande distance du soleil, et de la petitesse de notre globe, un point quelconque de la surface de la terre peut être considéré, sans erreur sensible, comme le centre de la sphère, et un style passant par ce point, et dirigé vers le pôle, sera l'axe autour duquel le soleil fait sa révolution journalière.

Les lignes horaires tracées pour un cadran solaire, sont les intersections des *plans horaires* avec la surface du cadran. Le soleil paraissant tourner sans relâche autour de la terre, et ce mouvement se faisant avec une parfaite uniformité, et dans un temps qu'on a divisé en vingt-quatre heures, si l'on conçoit sur la surface de la sphère douze cercles passant par les pôles du monde, distans entre eux de *quinze degrés*, le soleil les atteindra successivement et dans des intervalles égaux : il parviendra de l'un à l'autre dans une heure de temps. Si au lieu de douze cercles on en imaginait vingt-quatre, ils ne seraient plus éloignés que de *sept degrés et demi*, et il ne faudrait au soleil qu'une demi-heure pour aller de l'un à l'autre. Tous ces cercles, dont le nombre pourrait encore être plus grand, étant imaginés pour servir à la division du temps, s'appellent des *cercles horaires*. Leurs plans sont les plans horaires, qui vont rencontrer la surface du cadran, suivant des lignes que nous avons appelées les *lignes horaires*.

L'axe du cadran faisant, par hypothèse, partie de l'axe du monde, tous les plans horaires se croisent dans cet axe. Le point du cadran où le style est fixé, est donc un point commun à toutes ces lignes ; et, afin de pouvoir les tracer, il faut pour chacune d'elles un second point, si ce sont des lignes droites, comme cela arrive lorsque le cadran est construit sur une surface plane, ou plusieurs autres points, si ce sont des lignes courbes, ainsi que cela a lieu lorsqu'il doit être construit sur une surface de cette espèce.

Nous ne considérerons ici que les surfaces du premier genre. Nous ajouterons seulement quelques problèmes relatifs aux surfaces sphérique et cylindrique.

PROBLÈME GÉNÉRAL.

Tracer des lignes horaires sur une surface plane quelconque.

SOLUTION.

1. On tracera d'abord sur le plan donné, la *ligne méridienne*, qui est la rencontre du plan du *méridien* avec la surface du cadran. Le méridien est le premier des

cercles horaires ; c'est celui où le soleil se trouve toujours à l'heure de midi. Les autres sont distribués à droite et à gauche de ce méridien, et à des intervalles égaux.

2. En un point quelconque de la méridienne, on plantera un style droit, qu'on aura soin d'incliner de manière qu'il soit dirigé vers le pôle.

3. On imaginera ensuite un plan mené perpendiculairement au style, passant par un certain point de sa longueur, pris à volonté, et l'on cherchera la trace de ce plan sur le plan donné. Le plan imaginé représente l'*équateur*, et sa trace sur le plan du cadran s'appelle l'*équinoxiale*.

4. Le style étant perpendiculaire au plan de l'équateur, l'est aussi à toutes les droites menées dans ce plan par le point de rencontre ; or, ce point de rencontre est comme le centre de l'équateur et de la sphère, et il est commun à tous les plans horaires. Si l'on conçoit donc que l'on a mené sur le plan de l'équateur une droite qui soit en même temps dans le plan du méridien ; et que de part et d'autre on mène par le centre d'autres lignes, qui fassent avec celle-là des angles de *quinze, trente, quarante-cinq*, etc., degrés ; toutes ces droites seront les intersections des divers plans horaires avec le plan de l'équateur ; et, en les prolongeant suffisamment, elles iront rencontrer l'équinoxiale en des points qui appartiendront aux intersections de ces plans avec le plan donné.

5. D'un autre côté, comme on a dit, le point du plan où le style est fixé, appartient aussi à toutes ces intersections. On a donc, pour chaque plan horaire, deux points qui lui sont communs avec le plan du cadran : il est donc facile de tracer leurs intersections avec ce plan, qui sont les lignes horaires demandées.

Telle est la solution générale pour tous les cas de la Gnomonique *plane*. Nous allons bientôt les examiner en détail, et donner, pour chacun d'eux, les procédés graphiques qui lui conviennent. Auparavent, nous enseignerons à tracer une méridienne horizontale.

PROBLÈME PRÉPARATOIRE.

Tracer une ligne méridienne sur un plan horizontal.

On peut tracer une ligne méridienne sur un plan horizontal, par le moyen des étoiles circompolaires ; mais il est plus commode et plus simple de se servir, pour cela, du soleil. Les deux méthodes sont enseignées dans l'*Étude du Ciel*, pag. 65 et 183. Je répéterai ici la dernière, en faveur de ceux qui n'ont pas cet Ouvrage.

SOLUTION.

Après s'être assuré, par un moyen quelconque, que le plan choisi est bien horizontal, on prend convenablement un point sur ce plan ; et de ce point, comme centre, on décrit une circonférence ou plusieurs circonférences de cercle, de grandeurs peu différentes entre elles. Au point central, on fixera, bien perpendiculairement au plan, une tringle de métal de quelques pouces de longueur ; et le matin, à mesure que l'extrémité de son ombre arrivera sur quelqu'une des circonférences décrites, on aura soin de marquer sur le plan tous ces points de rencontre. Le soir, en s'allongeant, l'ombre de la tringle atteindra de nouveau les mêmes circonférences, et l'on marquera encore tous ces points ; on appelle cela prendre des *points d'ombre.* Cela fait, on diviserera, en deux également, chacun des arcs compris entre les deux points marqués le matin et le soir, et les milieux de tous ces arcs seront sur une même droite qui passera par le centre, et sera la méridienne demandée.

Une seule circonférence suffirait, à la rigueur : car elle donnerait un point de la méridienne, qui est d'ailleurs assujétie à passer par le centre, ce qui suffit évidemment pour la décrire. Mais comme une seule observation faite le matin et le soir, peut manquer de précision, et qu'il peut encore arriver que quelque circonstance du temps contrarie l'une des deux, on est dans l'usage de tracer plusieurs circonférences du même centre et de divers rayons. On a ainsi plusieurs points qui ne laissent aucun doute sur la bonté du résultat, s'ils se rencontrent tous sur une même droite passant par le centre; et qu'on peut corriger l'un par l'autre, s'ils ne sont pas dans ce cas, ce qui arrive plus ordinairement.

Au lieu d'une tringle de métal, dont l'ombre est toujours mal terminée, il vaut mieux employer un *gnomon*. C'est un petit pilier, surmonté d'une plaque percée d'un trou rond, pour laisser passer les rayons du soleil. Mais alors le centre du trou doit répondre verticalement au centre des circonférences, et c'est le milieu de l'image du soleil qui doit servir à marquer les points du matin et du soir.

Là méthode qu'on vient d'exposer, et qu'on appelle des *hauteurs correspondantes,* suppose que dans l'intervalle des observations du matin à celles du soir, le soleil a décrit un arc parallèle à l'équateur, et que sa distance à ce cercle, qui s'appelle sa *déclinaison,* est demeurée sensiblement la même. Or, cela n'est vrai que dans les solstices : dans tout autre temps de l'année, la déclinaison du soleil varie plus ou moins d'heure en heure; aux environs des équinoxes, cette variation est même, par heure, d'une minute de degré. Il résulte de là, que pendant presque toute l'année, lorsque l'ombre a le soir, la même longueur qu'elle avait le matin, le soleil est bien à *même* hauteur au-dessus de l'horizon, mais il n'est pas à *égale* distance du méridien : il en sera plus éloigné, lorsqu'il parcourra les signes *ascendans,* et moins, lorsqu'il décrira les signes *descendans*. La ligne qui divisera les arcs en deux parties égales, ne sera donc la véritable méridienne que dans les solstices. Notre méthode étant employée dans un autre temps, donnera une ligne qui s'éloignera plus ou moins de celle-là; cependant toujours assez peu pour que le midi qu'elle indiquera, ne diffère du vrai midi, dans le cas même le plus défavorable, que d'un petit nombre de secondes.

Si l'on veut néanmoins avoir une méridienne qui ait toute la précision possible, il faudra avancer ou retarder l'observation du soir d'une certaine quantité, pour saisir le moment où le soleil est aussi distant du méridien, qu'il l'était lors de l'observation du matin. Je joins ici une table qui donne ces quantités, seulement pour le premier jour de chaque mois, et en ne supposant, entre les observations du matin et du soir, que *quatre* heures d'intervalle. Il sera facile, par estime, d'avoir ces quantités pour les autres jours du mois, et elles demeurent sensiblement les mêmes pour un intervalle de temps un peu plus grand ou un peu plus petit. Cette table a été calculée pour la latitude de Lyon, et peut être employée à toutes les latitudes qui n'en diffèrent que de quelques degrés.

Voici l'usage qu'il faut faire de cette table. Je suppose qu'on veuille tracer une méridienne horizontale le premier jour du mois de mai, et qu'on ait d'abord marqué quelques points d'ombre le matin, aux environs de dix heures. La table nous apprend que les points correspondans marqués le soir, seront de *dix-neuf* secondes en retard. Il aurait donc fallu les marquer dix-neuf secondes plutôt; mais l'ombre était alors trop courte, et ne pouvait atteindre la circonférence. Pour trouver donc le point où elle serait arrivée, si elle avait eu assez de longueur, on marquera d'abord le point où l'ombre atteint cette circonférence; et, attendant ensuite dix-neuf secondes, l'on marquera de même celui où elle la coupe alors, et l'on portera le petit intervalle qui sépare ces deux points, de l'autre côté du premier. C'est le point que l'on trouve ainsi, qu'il faut combiner avec celui du matin pour avoir la véritable méridienne.

Si l'opération avait dû se faire au 1er août, comme le soleil est alors dans les signes descendans, la table fait voir que l'observation du soir est en avance de *quinze* secondes. Il faut donc, depuis le moment où l'ombre est parvenue à la circonférence, laisser écouler encore quinze secondes de temps, et marquer alors le point où elle coupe cette circonférence. Ce sont les points d'ombre, ainsi marqués le soir, que l'on combinera avec ceux du matin pour avoir, comme on a dit, la vraie direction de la méridienne.

Table qui indique de combien il faut avancer ou retarder les observations du soir, pour avoir la véritable direction de la méridienne, en ne supposant que quatre heures d'intervalle entre les observations du matin et celles du soir.

Au 1er janvier, l'observation du soir
    devrait être avancée de......... 9 secondes.
Au 1er février, *idem* de......... 29
Au 1er mars, *idem* de......... 36
Au 1er avril, *idem* de......... 31
Au 1er mai, *idem* de......... 19
Au 1er juin, *idem* de......... 6
Au 1er juillet, il faut la retarder de 4
Au 1er août, *idem* de 15
Au 1er septembre, *idem* de 32
Au 1er octobre, *idem* de 36
Au 1er novembre, *idem* de 30
Au 1er décembre, *idem* de 15.

PROBLÈME PREMIER.

Tracer les lignes horaires sur un plan horizontal.

SOLUTION.

1. On tracera d'abord au travers du plan une ligne méridienne, en faisant usage de la méthode des hauteurs correspondantes, ou de telle autre qu'on voudra.

2. En quelque point A de cette méridienne, on plantera, bien perpendiculairement au plan, une tringle de métal, de trois ou quatre pouces de longueur, que j'appelle le *faux style*. Son extrémité supérieure sert ici de centre à la sphère.

3. Par ce même point A, on mènera dans le plan une perpendiculaire AB à la méridienne, et on la fera de la même longueur que le faux style.

4. A l'extrémité B de cette perpendiculaire, et du côté du sud, l'on fera un angle ABC égal *au complément de la latitude* du lieu, de *quarante-quatre degrés et un quart*, par exemple à Lyon, dont la latitude, comme on sait, est de *quarante-cinq degrés et trois quarts :* le côté BC de cet angle ira rencontrer la méridienne en un certain point C.

5. A ce point C on plantera le véritable style ou axe du cadran, qui doit avoir cinq à six pouces de longueur, et qui sera incliné de manière à passer par le centre, en s'appuyant sur l'extrémité supérieure du faux style. On les unira l'un à l'autre d'une manière invariable, et le vrai style sera ainsi parfaitement dirigé vers le pôle. C'est par le point où les deux styles se rencontrent, que l'on imagine le plan perpendiculaire à l'axe, et qui, comme on a dit, représente l'équateur.

6. Pour avoir la trace de l'équateur sur le plan donné, au point B sur BC, on élèvera une perpendiculaire qui ira rencontrer la méridienne en M; et par ce point M

on mènera à cette méridienne une perpendiculaire indéfinie : c'est là *l'équinoxiale,* ou la trace de l'équateur sur le plan du cadran.

7. On prendra sur la méridienne, à partir du point M, une partie MB′ égale à MB; et du point B′, comme centre, et avec ce même rayon, on décrira une demi-circonférence, qui sera appuyée sur un diamètre parallèle à l'équinoxiale.

8. On divisera par la méthode connue, les deux moitiés de cette demi-circonférence, en portions de *quinze* degrés chacune, et par tous les points de division ainsi trouvés, et par le centre B′ on mènera des rayons, qu'on prolongera jusqu'à la rencontre de l'équinoxiale.

9. Enfin, par les points de rencontre avec l'équinoxiale, et par l'origine C du style, on mènera des droites, qui seront les lignes horaires demandées, tracées d'heure en heure. Et en effet, l'ombre du vrai style, en rencontrant successivement ces lignes fera connaître l'heure qu'il est au soleil. Les heures du soir seront à gauche, et celles du matin à droite de la méridienne, pour quelqu'un qui a la face tournée vers le sud.

10. Pour avoir les lignes horaires des demi-heures, ce n'est pas l'intervalle des heures, qu'il faut diviser en deux parties égales, mais bien les arcs de quinze degrés, qu'on a marqués sur la circonférence décrite. Les rayons, menés par ces nouveaux points de division, iront marquer sur l'équinoxiale ceux par lesquels il faut mener les lignes des demi-heures, en les dirigeant toujours vers l'origine du vrai style. On trouverait de même les lignes des quarts d'heure.

Telle est la méthode pour construire un cadran horizontal. On concevra facilement la raison de cette construction dans toutes ses parties, si l'on redresse, par la pensée, les triangles qu'on a tracés sur le plan du cadran, et que je suppose qu'on a construits à fur et mesure qu'on suivait la solution du problème. Ainsi le triangle ABC doit être conçu comme dressé sur le côté AC, perpendiculairement au plan. Il en est de même du triangle ABM, dont la base est AM, et le sommet B, et qui est ainsi lié avec le précédent. Il faut imaginer encore que tout ce qui est au-dessous de l'équinoxiale tourne sur cette ligne, jusqu'à ce que le point B' coïncide avec le sommet B de nos deux triangles. Les choses étant dans cette position, on voit que le point B est pris pour le centre de la sphère; que BC en est l'axe; que le plan B'MN est le plan de l'équateur; que les rayons menés par le point B' sont les traces des plans horaires sur ce plan; et enfin que les droites, menées du point C à l'équinoxiale, sont véritablement les intersections des mêmes plans horaires avec la surface horizontale du cadran. Le problème proposé est donc parfaitement résolu, et la solution en est suffisamment motivée dans toutes ses parties. Au reste, on pourra se rendre raison, de la même manière, des solutions suivantes.

PROBLÈME RÉCIPROQUE.

Un cadran horizontal étant donné, placer et orienter ce cadran sans tracer de méridienne, sans faire usage de la boussole. (Correspond. Astronom., juillet 1819).

On suppose que le cadran est fait pour la latitude du lieu.

SOLUTION.

1. On tracera vers le bord méridional du cadran une perpendiculaire à la ligne de midi, et on la prolongera indéfiniment des deux côtés.

2. Au point où cette perpendiculaire coupe la ligne de midi, on fixera un aiguille droite de quelque lon-

gueur, et qui soit bien perpendiculaire au plan du cadran.

3. On cherchera, comme il est dit au *problème accessoire* ci-dessous, l'heure où le soleil doit atteindre le *premier vertical*, le matin et le soir du jour qu'on a choisi pour fixer le cadran.

4. Ce jour là, un peu avant l'heure trouvée pour le matin, après avoir posé le cadran sur un plan bien horizontal, et l'avoir arrangé de manière que l'ombre de l'aiguille droite tombe exactement sur la perpendiculaire tracée, on le fera mouvoir lentement sur lui-même pour maintenir toujours l'ombre sur cette perpendiculaire, et l'on observera en même temps quelle est l'heure indiquée par le style du cadran.

5. Lorsque cette heure sera celle trouvée par la construction précédente, on arrêtera le cadran dans cette position, et on le fixera à la place où il est; il sera alors, comme on dit, *orienté* : et l'on n'aura nul doute à cet égard, si à l'heure trouvée pour le soir, et indiquée par le style du cadran, l'ombre de l'aiguille droite tombe de même sur l'autre partie de la perpendiculaire; si cela n'était pas, il faudrait refaire l'opération.

PROBLÈME SECOND.

Tracer les lignes horaires sur un plan vertical sans déclinaison.

I. On connaît qu'un plan vertical, est sans déclinaison, et qu'il regarde exactement le sud, lorsque l'ombre d'un style planté perpendiculairement au plan, tombe verticalement, à l'heure de midi, au-dessous du point où le style est fixé. Le cadran tracé sur un plan de cette espèce s'appelle un cadran *vertical méridional*, et la méthode pour le construire diffère peu de celle qu'on vient de donner pour le cadran horizontal, et s'explique de même.

SOLUTION.

1. On commencera par tracer, au milieu du plan, une ligne verticale, qui sera la méridienne.

2. En un point A de cette méridienne on plantera, bien perpendiculairement au plan, une verge métallique ou faux style.

3. Par ce point A, on mènera dans le plan une horizontale AB, que l'on fera de la même longueur que le faux style.

4. A l'extrémité B de l'horizontale, et au-dessus, l'on fera un angle égal à la latitude du lieu.

5. Au point où le second côté de cet angle va rencontrer la ligne méridienne, on fixera le véritable style, en l'inclinant et l'appuyant sur le bout du faux style, qu'il doit dépasser de quelque chose, pour que son ombre soit plus facile à distinguer sur le cadran.

6. Sur BC, au point B, on élèvera une perpendiculaire, qui viendra couper la méridienne en un autre point M, par lequel on mènera MN perpendiculairement à cette méridienne : MN sera l'équinoxiale.

7. On prendra sur la méridienne une quantité MB' égale à MB ; et du point B', et avec cette même grandeur pour rayon, on décrira une demi-circonférence appuyée sur un diamètre parallèle à l'équinoxiale, et à laquelle cette ligne sera tangente.

8. On divisera cette demi-circonférence en arcs de *quinze* degrés chacun, et par tous les points de division, et le centre B', on mènera des rayons qu'on prolongera jusqu'à la rencontre de l'équinoxiale.

9. Par les points ainsi trouvés sur cette dernière ligne, et par l'origine C du véritable style, on mènera enfin des droites, qui seront les lignes horaires du cadran d'heure en heure. On placera auprès les chiffres convenables : les heures du matin seront à gauche, et celles du soir seront à droite de la méridienne. On

aurait les lignes des demi-heures, en opérant comme on a dit pour le cadran horizontal.

II. Si le plan donné regardait le vrai nord, ce que l'on connaîtrait, parce qu'une méridienne horizontale tracée dans le voisinage lui serait perpendiculaire, alors le cadran s'appellerait *cadran vertical septentrional*; et sa construction serait encore la même que la précédente, avec cette seule différence, qu'au lieu de faire l'angle de la latitude ABC au-dessus de l'horizontale AB (n° 4), on le ferait au-dessous de cette ligne. Ainsi le point C de la méridienne, où le vrai style doit être planté, se trouvera ici au-dessous du point A. Le style ou axe se dirigera de bas en haut, et semblera être le prolongement de celui qui serait fixé sur la face du sud. L'équinoxiale aura au contraire sa place au-dessus du point A ; et les lignes horaires, en partant de celle-ci, viendront se croiser à l'origine du style, de façon qu'une partie de la même ligne servira le matin, et l'autre partie le soir. En effet, à cinq heures du matin et à cinq heures du soir, le soleil est dans le même cercle horaire ; et l'ombre du style doit tomber sur la même droite, mais dans deux directions opposées, à des époques du jour séparées par un intervalle de douze heures. Voilà tout ce qui concerne la construction du cadran vertical septentrional.

Cette espèce de cadran ne peut servir à marquer l'heure qu'autant que le soleil se trouve au nord du *premier vertical* : on appelle ainsi le cercle vertical qui coupe l'horizon aux points d'*est* et d'*ouest,* ou d'orient et d'occident. Passé le premier vertical, le soleil, le matin, cesse d'éclairer la face du nord, et le soir, au contraire, il commence alors à la frapper de ses rayons. Dans l'intervalle, c'est le cadran méridional qui marque les heures.

Le plus long-temps que cette dernière espèce de cadran puisse indiquer l'heure, c'est depuis six heures du matin jusqu'à six heures du soir, et cela arrive au temps des équinoxes. Après l'équinoxe d'automne, le soleil éclaire la face méridionale pendant tout le temps qu'il est sur l'horizon ; mais il se lève alors après six heures, et se couche toujours avant. Après l'équinoxe du printemps, le soleil se lève bien avant six heures; mais il commence par éclairer la face du nord et il est toujours plus de six heures quand ses rayons parviennent à la face du sud : il l'éclaire d'autant plus tard, qu'il s'est levé plus matin. La même chose arrive le soir; c'est-à-dire que le soleil, depuis cette époque, cesse d'éclairer le cadran méridional toujours avant six heures, et d'autant plutôt qu'il doit se coucher plus tard. C'est un problème peu difficile à résoudre, que celui de trouver l'heure où un mur méridional commence, ou cesse d'être éclairé par le soleil tel jour de l'année, et lorsqu'on connaît la latitude du lieu. Le calcul en donne une solution prompte et précise. En voici une toute graphique, et d'une exactitude suffisante.

PROBLÈME ACCESSOIRE.

Etant données la déclinaison du soleil et la latitude du lieu, trouver l'heure où le soleil commence, et celle où il cesse d'éclairer un mur qui regarde exactement le midi.

SOLUTION.

1. On tracera une circonférence de cercle, qu'on divisera en deux également, par un diamètre horizontal HR.

2. Dans le demi-cercle supérieur on mènera, 1° un rayon AP, qui fasse avec AH un angle égal à la latitude; 2° un autre rayon AE, perpendiculaire à AP; 3° un troisième rayon AZ, perpendiculaire à AH. Le premier

représente l'axe du monde, le second est l'équateur,
et le dernier est le plan du premier vertical.

3. A partir du point E, et allant vers le pôle P, on
prendra une quantité ET égale à la déclinaison du
soleil : je la suppose ici de *vingt-trois degrés et demi,*
ce qui a lieu le 21 du mois de juin ; et par le point T
je mène une parallèle à AE, terminée à la rencontre de
l'horizontale RH. Cette parallèle, qui représente le
cercle que le soleil décrit ce jour-là, et qui est, dans
notre supposition, le *tropique du cancer,* coupe l'axe
en O, et le rayon vertical en V.

4. On prendra donc une ouverture de compas
égale à TO, et du point A l'on décrira, au-dessous
de AR, un quart de circonférence T'SQ, qu'on divisera en portions de *quinze* degrés chacune, ou d'une
heure.

5. On prendra ensuite TV, qu'on portera sur l'horizontale en T'V', et par le point V' on abaissera une
perpendiculaire, qui coupera en S la dernière circonférence décrite. L'arc T'S indiquera le nombre d'heures
pendant lequel le soleil éclairera le plan donné, soit
avant, soit après midi. On trouve ainsi *quatre heures
un quart* pour la latitude de Lyon ; c'est-à-dire qu'à
Lyon, le jour du solstice d'été, un mur méridional
commence, le matin, d'être éclairé par le soleil à
huit heures moins un quart ; et qu'il cesse de l'être,
le soir, à quatre heures et un quart. Ce sont aussi là
les deux momens où, au même jour, la face septen-
trionale cesse, le matin, et commence, le soir, d'être
illuminée par les rayons solaires. On voit ce qu'il y aurait à faire pour toute autre déclinaison du soleil et toute
autre latitude.

PROBLÈME TROISIÈME.

*Tracer les lignes horaires sur un plan vertical dirigé
du nord au sud.*

Si le plan donné regarde le levant, le cadran s'appelle
cadran oriental : on l'appelle *cadran occidental*, si le
plan regarde le couchant. La construction est la même
pour l'un et pour l'autre.

SOLUTION.

1. Comme le plan ne doit pas être éclairé à l'heure
de midi, il n'y a point ici de méridienne à tracer ;
mais par un point A, pris à volonté, on mènera d'abord
sur le plan une horizontale indéfinie, et une autre
droite AD, qui fasse avec celle-ci un angle égal à la
latitude du lieu.

2. A ce même point A, et perpendiculairement au
plan, on plante un faux style de quelques pouces de
hauteur, et à son extrémite l'on fixe le vrai style, en
l'inclinant parallèlement à la droite AD.

3. Au point A on mènera encore à AD, et sur le plan,
une perpendiculaire indéfinie : c'est l'équinoxiale ou
l'intersection de l'équateur avec ce plan.

4. Du point D, qui doit être éloigné de l'équinoxiale
d'une quantité égale à la hauteur du faux style, et avec
le rayon AD, on décrira une demi-circonférence, dont
la base soit parallèle à l'équinoxiale.

5. On divisera cette demi-circonférence en portions
de quinze degrés chacune, et par tous les points de division on mènera des rayons, qu'on aura soin de prolonger jusqu'à l'équinoxiale.

6. Par tous les points ainsi trouvés sur cette dernière
ligne, on mènera des parallèles à AD : ce seront les lignes horaires demandées. AD est la ligne de *six* heures ;
c'est-à-dire qu'il est six heures du matin ou du soir,

lorsque l'ombre du style coïncide avec AD. Il est facile, d'après cela, de connaître quelles sont les heures données par les autres lignes.

Dans les deux cadrans que nous venons de considérer, les lignes horaires sont toutes parallèles entre elles et parallèles à l'axe du monde, parce que cet axe étant l'intersection commune de tous les plans horaires, et étant d'ailleurs parallèle au plan donné, les intersections de ces plans horaires avec celui-ci ne sauraient rencontrer l'axe, et lui sont ainsi nécessairement parallèles; d'où il suit qu'elles sont aussi parallèles entre elles.

PROBLÈME QUATRIÈME.

Tracer les lignes horaires sur un plan vertical déclinant.

I. On connaît qu'un plan vertical *décline* à l'est ou à l'ouest, lorsque l'ombre d'une verge perpendiculaire au plan, à l'heure de midi, tombe à droite ou à gauche de la verticale abaissée de son pied sur le plan.

La méthode pour construire un cadran solaire sur les plans verticaux déclinans, ·qui sont ceux que l'on rencontre le plus souvent, est fondée sur les mêmes principes que les précédentes, ainsi qu'on va le voir.

SOLUTION.

1. En un point quelconque A du plan, et perpendiculairement à ce plan, on plantera une tringle métallique ou faux style.

2. Au moment précis de midi, qui sera donné par une méridienne horizontale tracée à côté, on marquera sur le plan donné l'extrémité de l'ombre du faux style.

3. Par le point ainsi marqué, et au moyen d'un fil à-plomb, on tracera sur le plan une ligne verticale, qui sera la méridienne du cadran.

4. Par le point A, on mènera une parallèle AB à cette méridienne, et on lui donnera une longueur égale à celle du faux style.

5. Par ce même point A, on mènera aussi une horizontale terminée en D, par la rencontre de la méridienne, et l'on joindra BD. L'angle en B sera la *déclinaison* du plan donné, ou la quantité angulaire dont il s'écarte du premier vertical. Dans notre méthode, la détermination de cet angle n'est point nécessaire.

6. On prolongera l'horizontale AD au-delà de la méridienne, d'une quantité DB′ égale à DB et au point B′, et au-dessus, l'on fera un angle égal à la latitude du lieu.

7. La droite qui fera cet angle avec DB′, ira rencontrer la méridienne en un point C, qui est celui où il faut planter le vrai style, en ayant toujours soin de l'incliner de manière qu'il s'appuie sur le bout du faux style.

8. On élèvera encore en B′ une perpendiculaire à B′C, qui viendra couper la méridienne en un autre point M.

9. Par les points C et A, on fera passer une droite qui s'appelle, en Gnomonique, la *soustylaire*, par une raison facile à apercevoir; et par le point M on lui mènera une perpendiculaire indéfinie, qui sera l'équinoxiale.

10. Du point M, et avec une ouverture de compas égale à MB′, on coupera le prolongement de CA en un point B″, et l'on joindra MB″.

11. Du point B″, et avec la plus courte distance de ce point à l'équinoxiale, on tracera une demi-circonférence, dont la base doit toujours être parallèle à cette équinoxiale.

12. On divisera cette demi-circonférence en arcs de quinze degrés, à compter du point où elle est coupée par MB″, et l'on fera passer, par tous les points de division, des rayons qu'on prolongera jusqu'à la rencontre de l'équinoxiale.

13. Enfin par ces derniers points, et par le point C, où le vrai style est fixé, on mènera des droites qui seront les lignes des heures, et qu'il sera facile de numéroter convenablement. On aurait les lignes des demi-heures, en divisant en deux également les arcs de quinze degrés, et continuant comme on a dit plus haut.

II. Notre construction suppose que le plan donné est éclairé par le soleil à midi. Si cela n'était pas, voici ce qu'il faudrait faire.

1°. Par le moyen de la boussole, ou, ce qui vaut mieux, au moyen d'une méridienne horizontale tracée à peu de distance et prolongée jusqu'au plan, on déterminera la déclinaison de ce plan.

2°. En un point quelconque A du plan donné, on plantera le faux style perpendiculairement à ce plan.

3°. Par le même point A, on mènera une verticale AB, qui doit être de la longueur du faux style, et au point B on fera un angle égal à la déclinaison trouvée, mais du côté vers lequel le plan décline. Le second côté de cet angle se terminera à l'horizontale AD.

4°. Par le point D qu'on vient de trouver, on mènera sur le plan une verticale indéfinie, qui sera la méridienne du cadran.

5°. On prolongera la ligne horizontale AD au-delà de la méridienne, d'une quantité DB′ égale à DB, et l'on continuera comme dans le cas précédent, avec cette différence que le point C, où le vrai style doit être implanté, se trouvera au-dessous de l'horizontale AB′; que ce style se dirigera de bas en haut, en passant toujours par l'extrémité du faux style; et que tout le reste de la con=

struction se fera au-dessus du point A, au lieu de se faire au-dessous. Le problème quatrième est donc résolu dans les deux cas qu'il peut offrir.

N. B. Si l'on voulait marquer sur le cadran vertical déclinant quelques lignes horaires de plus que celles qui sont données par l'équinoxiale, on couperait la dernière de celles-ci par une droite parallèle à la ligne horaire, qui en est éloignée de six heures; et l'on prendrait sur cette parallèle l'intervalle entre la dernière ligne horaire et l'avant-dernière, pour le porter de l'autre côté de celle-là, ce qui donnerait un point de la ligne suivante, et ainsi des autres.

Il est facile de se rendre raison de cette construction, en considérant la parallèle menée comme la trace d'un plan perpendiculaire au dernier plan horaire; et alors les portions de cette trace, comprises entre les plans voisins qui lui sont également inclinés, doivent évidemment être égales entre elles.

PROBLÈME INVERSE.

Étant donné un cadran solaire vertical dont le style a été enlevé ou dérangé par un accident quelconque, rétablir ce style dans sa juste position.

SOLUTION.

1. On commencera ici par déterminer la déclinaison du plan où est tracé le cadran : ce qui peut se faire, ou par le moyen d'une boussole, dont la déclinaison particulière est supposée connue ; ou en comparant les intervalles compris entre les lignes de *onze* heures et *d'une* heure et celle de midi : la différence de ces intervalles est dépendante de la déclinaison ; ou ce qui est plus sûr, en traçant tout près une méridienne horizontale, et abaissant d'un point quelconque de cette méridienne une perpendiculaire au plan donné. La

déclinaison demandée est égale à l'angle que cette perpendiculaire fait avec la méridienne horizontale, et
dans le sens opposé.

2. La déclinaison du plan étant trouvée, du point C
où concourent les lignes horaires, et où le style doit
être fixé, on mènera du côté vers lequel le plan décline, une droite C B' faisant à ce point avec la ligne
de midi un angle égal au *complément* de la latitude du
lieu : on donnera à cette droite une longueur arbitraire,
d'un pied par exemple.

3. Par l'extrémité inférieure de cette droite, on
mènera une horizontale B'D qui coupera la ligne de
midi, et qu'on prolongera au-delà.

4. Au point D où les deux lignes se croisent, et de
l'autre côté, on mènera une troisième droite DB qui
fasse avec la même ligne de midi un angle égal à la déclinaison du plan, et on lui donnera une longueur
justement égale à la portion B'D de l'horizontale.

5. Par l'extrémité B de cette droite, on fera passer
une verticale qui rencontrera en A l'horizontale prolongée; et c'est à ce point A qu'il faut planter le faux
style, lequel doit être perpendiculaire au plan, et d'une
longueur exactement égale à BA. Le véritable style
planté au point C, s'appuiera sur le bout du faux
style, et aura ainsi la position convenable pour indiquer l'heure par son ombre.

Pour plus de facilité, on pourrait construire en car-
ton ou en bois mince un triangle solide, égal au triangle DBA tracé sur le plan, et le dressant perpendiculairement à ce plan sur l'horizontale DA, faire passer
le vrai style par sa pointe B.

PROBLÉME CINQUIÈME.

Tracer les lignes horaires sur un plan incliné au nord ou au sud.

J'entends par *plan incliné au nord ou au sud*, un plan incliné à l'horizon, et disposé de manière que son intersection avec ce dernier plan est une droite qui passe par les points d'orient et d'occident. L'inclinaison de ces plans présente plusieurs particularités, que nous allons examiner successivement.

I. Je suppose d'abord, que le plan donné regarde le sud, et que l'angle qu'il fait avec l'horizon est moindre que la latitude du lieu,

SOLUTION.

1. En un point A pris vers le milieu du plan, je plante perpendiculairement le faux style.

2. De l'extrémité de ce faux style, je laisse tomber un fil à-plomb, terminé par une pointe aiguë, qui marquera un certain point F sur le plan.

3. Par ce point F, et par le point A, je mène une droite qui sera la méridienne du plan, et sur laquelle tombera toujours, à l'heure de midi, l'ombre du faux style, si le plan est bien orienté, comme on a dit. Cette circonstance peut, comme on voit, servir à le vérifier.

4. Par le point A, je mène à la méridienne une perpendiculaire AB de la longueur du faux style, et je joins BF. L'angle en B sera *l'inclinaison* du plan sur l'horizon, comme aussi celle de la méridienne.

5. Sur AB, au point B, et du côté du sud, je fais un angle égal au *complément* de la latitude, diminuée de l'inclinaison qu'on vient de trouver ; et la droite, qui fera cet angle avec AB, ira rencontrer la méridienne en un point C,

6. C'est à ce point C qu'il faut fixer le vrai style; en l'inclinant et l'appuyant toujours sur le bout du faux style, qu'il doit, comme on a dit, excéder de quelques pouces.

7. Sur BC, au point B, on élèvera une perpendiculaire, qui ira couper la méridienne de l'autre côté de A en un point M, par lequel on mènera à cette méridienne une perpendiculaire indéfinie, qui sera l'équinoxiale.

8. A partir de ce point M, et du côté du nord, on prendra sur la méridienne une quantité MB′ égale à MB, et du centre B′ avec ce même rayon, on décrira une demi-circonférence, qu'on divisera en arcs de quinze degrés chacun, ou, si l'on veut, de sept degrés et demi.

9. Par tous les points de division on mènera des rayons qui iront couper l'équinoxiale en des points, qui sont ceux où les lignes horaires viendront aboutir, en partant toujours du point C. Voilà donc le cadran solaire construit dans ce premier cas.

II. Si l'on suppose, en second lieu, que l'inclinaison du plan soit égale à la latitude, la construction se commencera toujours comme on vient de dire ; mais lorsqu'on voudra faire en B l'angle requis (n° 5), on trouvera que le second côté de cet angle doit être, pour cela, parallèle à la méridienne. Donc le point C, où il faut planter le vrai style, est infiniment éloigné ; et comme ce vrai style doit passer par l'extrémité de celui que nous appelons le faux style, il suit qu'il faudra le faire porter par celui-ci, en le disposant parallèlement à la méridienne. De plus, le point M tombera en A, et l'équinoxiale se confondra avec AB, prolongée indéfiniment de part et d'autre. MB′ sera égal à AB; et comme les lignes horaires doivent aller concourir au point C de la méridienne, lequel est à une distance infinie, il suit que ces lignes seront toutes parallèles entre elles et à la méridienne. On trouvera, comme on a dit ci-dessus, les points de l'équinoxiale par lesquels il faut mener ces parallèles. Un cadran solaire dans la position que nous venons d'examiner, s'appelle un *cadran polaire*, parce qu'en effet le plan sur lequel il est tracé passe par les pôles du monde.

III. Supposons, pour troisième cas, que l'inclinaison du plan soit plus grande que la latitude : tout ira d'abord comme dans le premier cas ; mais arrivés à la construction de l'angle, nous ne pourrons pas ôter de la latitude l'inclinaison qui est plus grande. Il faudra donc retrancher la première de celle-ci, et faire de l'autre côté de AB un angle égal au *complément* du reste de cette soustraction. La droite, qui fera cet angle avec AB, ira couper la méridienne au-dessus du point A, et c'est à ce point d'intersection qu'il faudra fixer le vrai style. Le reste de la construction, qui se fera comme ci-dessus, sera seulement dans une position renversée.

IV. Établissons maintenant que le plan incliné regarde le nord, et que son inclinaison est plus petite que la hauteur méridienne du soleil au solstice d'hiver. On fera d'abord comme aux numéros 1, 2, 3, 4. Au numéro 5 la construction changera, et l'on fera sur AB, au point B, et du côté du sud, un angle égal au complément de la latitude, augmentée de l'inclinaison. Le second côté de cet angle, par sa rencontre avec la méridienne, donnera le point C, où doit être fixé le véritable style. Ensuite la perpendiculaire en B sur BC fera connaître le point M de la méridienne, par lequel on doit mener l'équinoxiale perpendiculairement à cette méridienne. Le reste de la construction se fera comme ci-devant.

On a supposé l'inclinaison du plan moindre que la moindre hauteur méridienne du soleil, afin qu'il fût éclairé, durant toute l'année, pendant tout le temps que le soleil est sur l'horizon. Si cette inclinaison était plus grande, alors la face supérieure du plan ne serait éclairée par le soleil que pendant une p rtie de l'année : le reste du temps ce serait la face inférieure qui recevrait les rayons de cet astre, et il faudrait aussi construire un cadran sur cette face ; ce qui se ferait comme pour l'autre, mais en renversant la construction.

V. L'inclinaison du plan pourrait être la même que celle de l'équateur ; alors le faux style, que nous avons toujours fait perpendiculaire au plan, se trouverait donc perpendiculaire à l'équateur, et serait par conséquent dirigé vers le pôle. Il se confondrait donc avec le véritable style ; la direction de la méridienne se trouverait comme tout à l'heure. L'équinoxiale, qui est l'intersection de l'équateur avec le plan donné, est nulle ici, puisque ce dernier plan est parallèle à l'équateur, ou plutôt se confond avec lui. Les lignes horaires seront donc des lignes menées du pied du style, et faisant entre elles des angles de quinze degrés pour les heures, et de sept degrés et demi pour les demi-heures. Un pareil cadran est appelé *cadran équatorial*. Pour pouvoir servir pendant toute l'année, il faut qu'il soit double ; un sur la face supérieure du plan, et l'autre sur la face inférieure.

VI. Enfin le plan pourrait faire, avec l'horizon, un angle plus grand que celui que fait l'équateur. Néanmoins la construction se commencerait toujours de la même manière ; mais l'angle à faire avec AB, pour trouver le point C, serait ici égal à l'inclinaison, moins le complément de la latitude. Le point C se trouverait entre les points A et F : l'équinoxiale serait placée au-dessus de AB, et serait donnée toujours par les mêmes procédés. On aurait de même aussi le rayon et le centre de la circonférence, qui doit être divisée en arcs de quinze degrés. Les points de l'équinoxiale d'où les lignes doivent partir étant trouvés, on mènera ces lignes, en ayant soin de les prolonger au-delà du point C, et le cadran sera construit sur la face supérieure du plan. Il en faudra construire un autre, d'après les mêmes principes, sur la face inférieure.

Au reste, pour trouver ce qu'il y a à faire dans les divers cas qu'on vient d'examiner, il n'y a qu'à supposer qu'on fait tourner le cadran horizontal du *problème premier* autour d'un axe horizontal passant par le pied du faux style, et dirigé de l'est à l'ouest. Le faux style tournera avec le plan du cadran, en lui demeurant toujours perpendiculaire ; mais le vrai style, qui doit se diriger constamment vers le pôle, changera continuellement de position sur ce plan ; et il sera toujours facile, lorsque la situation du plan sera arrêtée, de lui donner celle qui convient au cas que l'on considère.

PROBLÈME SIXIÈME.

Tracer les lignes horaires sur un plan incliné à l'est ou à l'ouest.

J'entends par plan incliné à l'est ou à l'ouest, tout plan incliné à l'horizon, de manière que son intersection avec ce dernier plan est une droite qui passe par les points de nord et de sud.

Nous avons examiné en détail tous les cas que renfermait le problème précédent, parce qu'il y avait deux espèces particulières de cadrans que nous voulions faire connaître, le cadran polaire et le cadran équatorial. Celui-ci n'offrant rien de remarquable, je me contenterai d'en donner la solution générale.

SOLUTION.

1. Le faux style étant fixé en un point A du plan, on laissera tomber de son extrémité un fil à-plomb, qui marquera sur le plan un point F.

2. Par ce point F, et au moyen d'un niveau, on tracera sur le plan une ligne horizontale, qui sera la méridienne ; c'est-à-dire, qu'à l'heure de midi l'extrémité de l'ombre du faux style tombera toujours en quelque point de cette ligne, si le plan est tel qu'on l'a supposé, ce qui pourra servir à vérifier sa position.

3. Par le point A on mènera AF perpendiculaire à la méridienne, et AB qui lui est parallèle, et qui doit être de la longueur du faux style. On joindra BF, et l'angle en B sera *l'inclinaison* du plan par rapport à l'horizon.

4. On prolongera AF d'une quantité FB′ égale à BF ; et au point B′, et du côté du sud, on fera un angle égal au complément de la latitude, et l'on trouvera ainsi le point C de la méridienne, où il faut fixer le véritable style, en l'inclinant toujours convenablement.

5. Au point B′, on élèvera sur B′C une perpendiculaire qui donnera le point M de la méridienne, par lequel doit passer l'équinoxiale, qui est encore ici perpendiculaire à cette méridienne.

6. On portera MB′ sur la méridienne de M en B″, qui sera le centre de la circonférence à décrire, et l'on achèvera la construction comme on a toujours fait.

Dans les divers cas du problème précédent, comme dans les problèmes *premier* et *second*, qui ne sont, à proprement parler, que des cas particuliers de celui-là, la méridienne, plus ou moins inclinée, passe toujours par le pied du faux style ; mais, dans ce dernier problème, toujours horizontale, elle en passe à une distance plus ou moins grande, suivant l'inclinaison ; et dans le problème *troisième*, qu'on peut regarder comme un cas de celui-ci, elle en est infiniment éloignée, puisqu'il n'y a plus de méridienne. Le problème *premier* en est aussi un cas : c'est l'autre extrême.

PROBLÈME SEPTIÈME.

Tracer les lignes horaires sur un plan incliné déclinant.

C'est ici le cas le plus général et le plus compliqué de la Gnomonique plane. Cependant notre procédé s'y appliquera également, et nous en donnera la solution avec la même facilité.

I. Je suppose d'abord que le plan s'élève du côté du nord, et qu'il est éclairé par le soleil à l'heure de midi.

SOLUTION.

1. On fixera toujours un faux style perpendiculairement au plan, en un point quelconque A, et l'on marquera l'extrémité de son ombre au moment de midi.

2. On laissera tomber, du bout de ce faux style, un fil à-plomb qui marquera un second point F sur le plan; et par ce point F, et par le point d'ombre déjà marqué, on mènera une droite qui sera la méridienne du cadran.

3. Par le point A, on mènera une perpendiculaire AD à la méridienne, et une parallèle AB, qu'on fera de la longueur du faux style, et l'on joindra BD, qui sera la longueur de la perpendiculaire, abaissée de l'extrémité du faux style sur la méridienne.

4. On prolongera AD d'une quantité DB′ égale à DB, et l'on unira B′F; l'angle en B′ sera *l'inclinaison* de la méridienne sur le plan horizontal.

5. Sur DB′ et en-dessous, si le plan prolongé passe au-dessous du pôle, on fera un angle égal au complément de la latitude diminuée de l'inclinaison qu'on vient de trouver; et la droite, qui fera cet angle, ira rencontrer la méridienne au point C, où le vrai style

doit être fixé. Ce point C est placé de l'autre côté de A, lorsque le plan prolongé passe au-dessus du pôle. Dans ce cas, l'angle avec DB' doit être égal au complément de l'inclinaison, diminuée de la latitude, et il se fait en-dessus. Si le plan prolongé passait par le pôle même, l'angle serait droit, et le point C, par conséquent, se trouverait infiniment éloigné. Le vrai style, toujours passant par le sommet de l'autre, serait parallèle au plan et à la méridienne, ainsi que les lignes horaires.

6. Le point C étant trouvé, et le style placé comme on a toujours fait, on élève en B' sur B'C une perpendiculaire, qui donnera sur la méridienne le point M, par où on mènera l'équinoxiale perpendiculairement à la *sousty laire* CA prolongée.

7. On prend une ouverture de compas égale à MB', et du point M on coupe le prolongement de CA en B". Le point B" est le centre d'un cercle qu'on décrit, en prenant pour rayon la moindre distance de ce point à l'équinoxiale.

8. L'on divise cette circonférence en arcs de quinze degrés, à partir du point où elle est coupée par MB", et l'on achève la construction comme ci-dessus.

Par la construction que nous venons de donner, on voit qu'il n'est pas nécessaire, pour résoudre le problème proposé, de connaître ni l'inclinaison ni la déclinaison du plan donné. L'inclinaison de la méridienne nous a suffi. C'est ainsi que, dans le problème *quatrième,* nous n'avons fait aucun usage de la déclinaison du plan vertical, quoiqu'elle nous ait été donnée immédiatement par notre construction elle-même. Ici, pour trouver l'inclinaison et la déclinaison du plan, il faut construire l'angle que fait le faux style avec le fil à-plomb, et celui qu'il fait avec la ligne horizontale, menée de son sommet à quelque point de la méridienne, ce qui est toujours facile.

II. Si le plan donné ne pouvait pas être éclairé par le soleil à l'heure de midi, il n'y aurait rien de mieux à faire pour y tracer la ligne méridienne, que d'avoir tout auprès une méridienne horizontale, et de s'en servir pour marquer, sur le plan donné, deux points de son prolongement. La droite qui passera par ces deux points sera la direction de la méridienne du plan. On prendra ensuite un point quelconque sur le plan, pour y fixer perpendiculairement le faux style ; et, du bout de celui-ci, on laissera tomber un fil à-plomb, qui marquera un point sur le plan. Par ce point on mènera enfin une *parallèle* à la droite déjà tracée, et l'on aura ainsi la véritable méridienne du cadran. Les choses seront alors amenées au même état que tout à l'heure et la construction s'achèvera comme précédemment.

Nous avons parcouru avec assez de détail les différens cas que renferme la Gnomonique plane, nous avons donné pour tous des solutions simples, d'une facile exécution, et qui sont toutes fondées sur la même base, et n'exigent du lecteur que des notions fort bornées de Géométrie et d'Astronomie. Nous pourrions donc terminer ici ce petit Traité destiné aux amateurs, et qui peut être aussi de quelqu'utilité à ceux qui font métier de construire des cadrans solaires. Mais en faveur de ceux qui prennent plaisir à cultiver la science dont il est ici question, j'ajouterai encore quelques problèmes plus relevés, et dont la solution pourra paraître curieuse et intéressante.

PROBLÈME HUITIÈME.

Tracer, sur le plan du cadran solaire, la route de l'extrémité de l'ombre du style, pendant que le soleil est sur l'horizon.

Le soleil étant censé décrire, dans les vingt-quatre heures, un cercle parallèle à l'équateur, le rayon de cet astre qui part de son centre et rase l'extrémité du style, décrit pendant ce temps une surface *conique* qui a son sommet en ce point, et qui a pour axe l'axe du monde, dont le style du cadran fait partie. Il faut donc trouver la courbe qui est l'intersection de cette surface avec le plan du cadran. J'appliquerai au cadran horizontal la méthode qu'il faut suivre pour cela.

Soit LL' la méridienne du cadran horizontal : tout ce qui est au-dessous de cette ligne étant supposé sur un plan parallèle à l'horizon, et ce qui est au-dessus représentant le plan du méridien : CB est le style du cadran ; MB lui est perpendiculaire et nous donne MN pour l'équinoxiale. MB' est égale à MB ; et B' est le centre, d'où avec le rayon MB', on a décrit la circonférence, qui a servi à trouver les points de l'équinoxiale, où aboutissent les lignes horaires. Tout cela bien connu, voici comme on trouvera la courbe demandée.

SOLUTION.

1. On prolongera la perpendiculaire MB au-delà du point B, d'une quantité quelconque BE ; et de ce point B, avec le rayon BE, on décrira un arc de cercle indéfini. Il est facile de voir que cet arc est une portion du méridien, et que le point E est le point de son intersection avec l'équateur.

2. De part et d'autre du point E, on prendra des portions ET', ET', de vingt-trois degrés et demi chacune, et les points T et T' seront les lieux des plus grandes *déclinaisons* du soleil, qui arrivent au solstice d'été et au solstice d'hiver.

3. Par les points T et T', et par l'extrémité du style, on mènera des droites, qui rencontreront la méridienne en S et S', et ces points seront ceux où l'ombre du style se termine à midi dans ces deux époques. (On voit par là, pour le dire en passant, comment on pourrait marquer sur la méridienne, le jour de l'entrée du soleil

dans les différens signes de l'écliptique.) Si c'est pour le solstice d'été, ou 21 de juin, que l'on veut résoudre le problème proposé, le point S sera un point de la courbe cherchée, qui se composera de deux parties égales, une pour le matin et une pour le soir, lesquelles se réunissent au point S, qui appartient à toutes les deux. Pour avoir d'autres points de cette courbe, on cherchera ceux où l'extrémité de l'ombre du style rencontre ce jour-là les lignes *d'une* heure, de *deux* heures, etc., ce qui se fera de la manière suivante.

4. Du point C, avec un rayon égal à la longueur CB du style, on décrira sur le plan horizontal une demi-circonférence de cercle.

5. De chacun des points de division de l'équinox 'a et avec des ouvertures de compas égales à la distance de ces points au centre B', on coupera cette demi-circonférence en divers points, et l'on mènera de son centre C des rayons à tous ces points de division.

6. A ces mêmes points et sur ces mêmes rayons, on fera des angles égaux à l'angle CBS, et les points où les seconds côtés de ces angles iront couper les lignes horaires correspondantes, seront ceux où l'ombre du style se termine à cette heure le jour du 21 de juin, et appartiendront par conséquent à la courbe qu'on demande.

7. On fera donc passer par tout les points ainsi trouvés, une courbe continue. Ce sera sur le plan horizontal la trace du rayon solaire qui rase le sommet du style, le jour du solstice d'été.

Pour obtenir un plus grand nombre de points et décrire la courbe plus sûrement, il convient d'avoir sur le cadran les lignes horaires de demi-heure en demi-heure.

Si le soleil était au solstice d'hiver, les angles à faire devraient être égaux à CBS'; le point S' serait l'origine de la courbe, et les autres points seraient pris sur les lignes horaires prolongées au-delà de l'équinoxiale. On voit aisément ce qu'il faudrait faire pour tout autre jour de l'année, pourvu que la déclinaison du soleil fût connue pour ce jour là.

Les courbes dont on vient de donner la construction graphique, sont en général, et pour nos climats, des *hyperboles;* elles sont opposées par leurs convexités dans les deux moitiés de l'année. Leur courbure diminue de plus en plus, à mesure que la déclinaison du soleil devient moindre ; et enfin quand cette déclinaison est nulle, ou que le soleil est dans l'équateur, alors la courbe dégénère en une ligne droite, qui est l'équinoxiale elle-même. Ainsi, aux jours des équinoxes, l'extrémité de l'ombre du style suit la droite MN pendant que le soleil est sur l'horizon.

PROBLÊME NEUVIÈME.

Tracer les lignes horaires sur une surface sphérique convexe.

On peut construire un cadran solaire sur la surface d'un globe, de deux manières différentes. Nous supposerons que le globe est donné, et qu'il est posé au milieu d'un jardin d'une manière invariable.

SOLUTIONS.

Première solution.

1. On cherchera d'abord l'intersection du globe par le plan du méridien céleste, ce qui peut se faire de différentes manières. On plantera, par exemple, un faux style verticalement sur le sommet du globe, l'ombre de ce faux style, à l'heure de midi, indiquera la trace du méridien sur le globe. Il sera donc facile de décrire cette trace et d'avoir ainsi la méridienne, qui

3

sera évidemment une circonférence de cercle, ayant pour centre le centre même du globe.

2. Sur cette circonférence, à partir du point le plus élevé, on prendra du côté du nord, un arc égal au *complément* de la latitude, et le point ainsi trouvé sera le pôle du globe, et répondra justement au pôle du monde. Une droite, menée de ce point au point diamétralement opposé, représentera l'axe de la sphère, autour duquel le soleil exécute sa révolution journalière.

3. Sur la même circonférence, à partir du même point, on prendra du côté du sud un arc égal à la latitude, et le point qu'on trouvera ainsi, appartiendra à la circonférence de l'équateur du globe. Par ce point, traçant sur ce globe une circonférence qui soit perpendiculaire à la méridienne, elle sera l'intersection du globe avec le plan de l'équateur céleste, ou la ligne équinoxiale.

4. On partagera l'équinoxiale en arcs de quinze degrés chacun, à partir du point d'intersection avec la méridienne, et par chaque point de division, on fera passer des circonférences, qui iront toutes se réunir aux deux pôles : ce seront les traces des cercles horaires sur le globe, et par conséquent les lignes horaires demandées.

5. Pour avoir l'heure par leur moyen, on embrassera le globe par un demi-cercle de métal fixé aux deux pôles, mais de manière qu'il puisse se mouvoir sur ces deux points et tourner autour du globe, pour être arrêté dans la position qu'on voudra. Ce demi-cercle aura, par exemple, un pouce de hauteur sur une ligne environ d'épaisseur, afin qu'on puisse reconnaître plus aisément s'il est placé comme il faut. En effet, lorsqu'on voudra savoir quelle heure il est au soleil, on fera mouvoir ce demi-cercle jusqu'à ce qu'il soit arrivé dans la position où son ombre est la plus

étroite possible. Dans cette situation, le plan du demi-cercle passe par le centre du soleil, et se confond par conséquent avec le plan du cercle horaire où cet astre se trouve en ce moment. Son ombre fera donc connaître l'heure qu'il est, par le point où elle rencontre l'équateur du globe.

6. Pour achever la construction du cadran sur notre surface sphérique, il faudra, sur la circonférence de l'équateur, écrire le nombre XII à son intersection avec le méridien, les nombres XI, X, etc. du côté du levant, aux points où il est coupé par les cercles horaires du matin, et les nombres I, II, etc. du côté du couchant, à ceux où il est rencontré par les cercles horaires du soir. On aura les demies et les quarts en divisant en quatre parties égales les intervalles compris entre deux cercles horaires consécutifs.

Seconde solution.

On cherchera d'abord, comme dans la solution précédente, la méridienne, l'équinoxiale, et sur celle-ci les les points d'intersection avec les différens cercles horaires. Mais ici il n'y aura point de demi-cercle mobile pour trouver l'heure : elle sera donnée immédiatement par les confins de l'ombre sur le globe.

Lorsqu'un globe est en présence du soleil, toujours une de ses moitiés est *illuminée* et l'autre moitié est dans l'ombre. Ces deux moitiés confinent l'une à l'autre, et se touchent, suivant un grand cercle que l'on appelle *cercle d'illumination*. Ce cercle, dont l'axe passe constamment par le centre du soleil, coupe tous les grands cercles en deux parties égales; d'où il suit qu'il y a toujours une moitié de l'équateur qui est éclairée par le soleil, quelle que soit la position de cet astre dans le ciel.

Le cercle d'illumination ne coïncide avec les cercles horaires qu'autant que le soleil est dans les équinoxes; car l'axe de ce cercle étant alors renfermé dans le plan de l'équateur, sa circonférence passe nécessairement par les pôles, et se confond ainsi successivement avec tous les cercles horaires. Mais dans tout autre temps de l'année, l'un des pôles du globe recevant les rayons du soleil, tandis que l'autre en est privé, le cercle d'illumination ne peut plus coïncider avec aucun des cercles horaires, et il s'en écarte d'autant plus, que la *déclinaison* du soleil est plus grande.

Maintenaut considérons le soleil au moment où il est dans le méridien. Le cercle d'illumination aura bien alors sur le globe une position différente, selon que le soleil sera plus haut ou plus bas; mais il coupera toujours l'équateur aux mêmes points d'orient et d'occident. Car le méridien où est le soleil est tout à la fois perpendiculaire au cercle d'illumination et à l'équateur. Il est donc aussi perpendiculaire à leur intersection commune, qui est la droite, menée par les deux points où le cercle de six heures coupe l'équateur du globe. C'est donc à ces deux points là qu'il faut placer le numéro XII; et il sera en effet midi lorsque le cercle d'illumination atteindra ces points; ou sera renfermé entre eux.

Un raisonnement semblable nous fera voir que lorsque le soleil est dans le cercle horaire d'*une* heure, par exemple, les confins de la lumière et de l'ombre doivent arriver sur l'équateur, aux points où il est coupé par le cercle horaire qui est perpendiculaire à celui-là; c'est-à-dire par le cercle horaire de *sept* heures. C'est donc à ces deux points qu'il faut placer le numéro I, et on sera assuré qu'il est une heure, lorsque l'ombre ou la lumière atteindra l'un de ces points. On placera de même les numéros des heures suivantes sur la circonférence de l'équateur, et le cadran sera construit. Dans cette espèce de cadran solaire, l'heure est continuellement indiquée par les intersections avec l'équateur du cercle horaire, qui est perpendiculaire à celui où se trouve réellement le soleil.

PROBLÈME DIXIÈME.

Tracer les lignes horaires sur une surface cylindrique droite et verticale.

Nous ne considérons ici que le *cylindre géométrique*, c'est-à-dire celui dont la base est une circonférence de cercle. Toute surface cylindrique n'est droite que dans un sens, dans le sens parallèle à l'axe : dans tout autre sens elle est courbe. Ainsi toute ligne tracée sur une pareille surface est une ligne courbe, à moins qu'elle ne soit menée parallèlement à l'axe du cylindre. Les droites, tracées ainsi sur une surface cylindrique, s'appellent assez souvent les *génératrices* de cette surface; parce qu'on peut en effet concevoir cette surface comme engendrée par l'une quelconque de ces droites, tournant parallèlement à elle-même autour du cercle qui sert de base au cylindre.

I. Supposons donc qu'on a un cylindre droit, c'est-à-dire dont l'axe est perpendiculaire à la base; que ce cylindre est posé verticalement au milieu d'un jardin, et qu'on veut y tracer un cadran solaire *méridional*.

SOLUTION.

1. On cherchera d'abord quelle est la génératrice de la surface donnée qui est dans le plan du méridien céleste; ce qui se peut faire de plusieurs manières différentes. Un point de la méridienne étant trouvé, on tracera cette ligne sur la surface du cylindre, au moyen d'un fil à-plomb.

2. La méridienne étant tracée, on plantera en un de ses points un faux style, perpendiculairement à la surface donnée, et on le fera servir d'appui au véritable style, qui fera avec celui-là un angle égal à la latitude

du lieu, et ira s'enfoncer dans la surface en un autre point de la méridienne placé au-dessus du premier.

La méridienne est la seule ligne horaire qui puisse être une ligne droite sur notre surface, par la raison que le méridien est le seul cercle horaire qui soit vertical, et dont le plan, par conséquent, passant par l'axe du cylindre, en rencontre la surface suivant deux droites opposées et parallèles. Tous les autres plans horaires coupent le cylindre plus ou moins obliquement, et leurs intersections avec sa surface sont des *ellipses* diversement allongées.

Il y a un point de la surface cylindrique qui appartient à toutes ces courbes; c'est celui où elle est pénétrée par le vrai style : car ce point appartenant à l'axe du monde représenté par ce style, et cet axe étant une droite commune à tous les plans horaires, le point en question est dans tous ces plans, et par suite dans leurs intersections avec la surface donnée. Mais il faut à présent trouver d'autres points de ces intersections, pour pouvoir tracer chacune d'elles avec une suffisante précision. Voici quelle est la méthode qu'on suivra pour cela.

3. On concevra un plan vertical, passant par l'axe du cylindre, et perpendiculaire au méridien. Sur ce plan on tracera un cadran solaire, dont le style soit le prolongement de celui qui est fixé sur la surface cylindrique.

4. Au-dessous du plan vertical on imaginera un plan horizontal, qui est celui de la base du cylindre; et sur celui-ci on tracera un autre cadran solaire, disposé de manière que son style soit le prolongement du style de l'autre, et que la méridienne et les autres lignes horaires se rencontrent aux mêmes points de la ligne qui sépare les deux plans, ou plutôt qui est leur *section commune*. On aura donc ainsi les traces des plans horaires sur deux plans perpendiculaires l'un à l'autre.

5. Du point où la méridienne du cadran vertical rencontre le plan horizontal, et avec un rayon égal à celui du cylindre, je décris sur ce dernier plan une demi-circonférence, qui me représente la base de la moitié antérieure de ce cylindre. Sur chacun des points de cette demi-circonférence s'élèvent les diverses génératrices de la surface cylindrique, que l'on peut tracer facilement sur le plan vertical.

6. Je divise la demi-conférence décrite en un nombre quelconque de parties, par des droites parallèles à la section commune des deux plans, et je considère toutes ces droites comme les traces horizontales d'autant de plans verticaux, parallèles à celui que l'on a mené par l'axe du cylindre. Ces plans couperont la surface cylindrique, chacun suivant deux de ses génératrices, dont la position sera connue par les points où ils rencontrent la circonférence de la base, et qu'on pourra par conséquent tracer sur le plan vertical mené par l'axe.

7. Les intersections de tous ces plans verticaux avec la surface cylindrique étant tracées, on cherchera de la manière suivante les points où elles sont rencontrées par les plans horaires. Je prends pour exemple le plan horaire de *trois* heures.

8. Par tous les points où les plans parallèles coupent la base du demi-cylindre, et seulement du côté de la méridienne où la ligne horaire est placée, on mènera des parallèles à cette ligne de trois heures, prise sur le cadran horizontal. Des points où ces parallèles rencontrent la section commune, on élèvera des verticales terminées par la même ligne horaire prise sur le cadran vertical. Enfin, par ces points de rencontre, on mènera des parallèles à la section commune, qui iront couper quelque part les génératrices correspondantes aux divers points de la base. Ces points d'intersection donneront les hauteurs où le plan horaire de trois heures rencontre ces différentes génératrices.

9. On fera passer par tous les points ainsi trouvés, et par celui qui répond perpendiculairement à l'origine du style, une courbe continue, qui sera, non la ligne horaire de trois heures tracée sur la surface cylindrique, mais la *projection* de cette ligne sur le plan vertical mené par l'axe. Pour avoir cette dernière ligne telle qu'elle est, il faut développer le cylindre en un plan, et voici comment.

10. On prendra une ligne droite égale en longueur à la circonférence du cylindre : on élèvera sur cette droite des perpendiculaires, espacées entre elles, comme l'étaient les génératrices de la surface cylindrique dans la construction précédente. Sur celle de ces perpendiculaires qui représente la méridienne du cylindre, on prendra une hauteur égale à celle où est fixé le vrai style ; et sur les perpendiculaires suivantes on marquera les points trouvés tout à l'heure, et dont les hauteurs, au-dessus de la base, sont maintenant connues. Par les points qui appartiennent à une même heure, et par l'origine du style, on fera passer une courbe, qui sera la véritable ligne horaire développée sur un plan. On fera les mêmes constructions pour toutes les lignes horaires du cadran demandé ; et lorsqu'elles seront toutes ainsi développées sur un même plan, il ne restera plus qu'à appliquer ce plan, que je suppose flexible, sur la surface du cylindre, en ayant soin de faire concourir l'origine commune de toutes les courbes avec le point de la surface où le style doit être implanté. Les lignes horaires prendront alors la courbure et la position qu'elles doivent avoir. On pourra les graver ainsi sur le cylindre, et le cadran demandé sera construit.

Par la nature de notre cadran, il est aisé de voir que les lignes horaires du matin sont semblables à celles du soir, et que la même construction doit donner les unes et les autres. Ainsi le travail est réduit de moitié par cette observation.

Au cadran méridional· que nous venons de construire, on pourrait donner pour·supplément un cadran septentrional, construit sur la moitié opposée du
cylindre. La chose, après ce que nous avons fait jusqu'ici, offre .peu de difficultés, et nous la laisserons à
faire au lecteur.

II. Nous ajouterons ici une méthode pour construire
sur une surface cylindrique un cadran *oriental* ou *occidental*.

1°. On cherchera d'abord la génératrice de la surface, qui regarde exactement le point d'orient ou d'occident; elle est éloignée d'un quart de circonférence de
celle qui regarde le midi. Sur cette droite, à une hauteur
convenable, on plantera perpendiculairement à la surface un faux style de quelques pouces de hauteur, et
on lui fera porter le véritable style, qui sera fidèlement
dirigé vers le pôle. Cela posé,

2°. On imaginera encore par l'axe du cylindre un
plan vertical : ce sera ici le plan du méridien. On le
terminera à une droite horizontale, et·ce qui sera
au-dessous représentera le plan sur lequel repose·le
cylindre.

3°. Du point où l'axe rencontre l'horizontale, et avec
un rayon égal à celui du cylindre, on décrira sur le
plan horizontal une demi-circonférence : c'est la base
de la moitié la plus avancée du cylindre.

4°. Cette demi-circonférence étant divisée en deux
également par un rayon perpendiculaire à la section
commune, on prolongera ce rayon d'une quantité égale
à la hauteur du faux style; et de l'extrémité du prolongement, et avec cette même longueur on décrira
une autre demi-circonférence qui sera tangente à la
première, et qui s'appuiera sur un diamètre parallèle
à l'horizontale.

5°. On divisera cette dernière circonférence en arcs
de·quinze degrés; et par tous les points de division on

mènera des rayons, qu'on prolongera jusqu'à la rencontre de la section commune du méridien et du plan horizontal.

6°. Maintenant on imaginera un certain nombre de plans verticaux, menés dans l'épaisseur du demi-cylindre, parallèlement au plan du méridien. Les traces de ces plans sur le plan horizontal seront des droites parallèles à la section commune, et leurs intersections avec la surface cylindrique seront des verticales, menées par les points où ces traces rencontrent la circonférence de la base.

7°. Toutes ces lignes étant tracées, on fera comme si, avec le même style vrai, on voulait construire un cadran solaire sur chacun de ces plans (*voyez* le problème *troisième*); mais l'on se contentera de marquer pour chaque plan les points où les lignes horaires rencontrent les génératrices qui lui appartiennent.

8°. Par le point où le faux style prolongé rencontre le plan du méridien, on mènera sur ce plan une droite perpendiculaire à l'axe du monde : ce sera l'équinoxiale commune de tous ces cadrans ; et observant que pour le plan du méridien la hauteur du faux style est augmentée de tout le rayon du cylindre, on prendra les divisions de la droite qui sert de section commune, et on les portera sur l'équinoxiale, à partir toujours du même point.

9°. Par tous les points ainsi marqués sur l'équinoxiale, il faudrait faire passer des perpendiculaires, si l'on voulait construire en effet un cadran solaire sur le plan du méridien. Ici l'on se contentera de marquer les points où ces perpendiculaires rencontrent les génératrices *extrêmes*, qui sont les seules qui appartiennent à ce plan.

10°. Pour le plan vertical le plus voisin du méridien, la hauteur du faux style est moindre de tout l'intervalle qui sépare ces deux plans, et c'est sur la

première parallèle à la section commune qu'on trouve
les distances des lignes horaires. On prendra donc ces
distances, et on les portera encore sur l'équinoxiale,
à partir du même point. Des perpendiculaires qu'il faudrait encore élever par tous ces nouveaux points de
division, on ne marquera que les points où elles rencontrent les deux génératrices qui appartiennent à ce
plan. On continuera de la même manière pour tous les
plans suivans.

11°. On aura donc ainsi un certain nombre de points
appartenans à chacune des lignes horaires. On fera
passer une courbe continue par tous ceux qui sont relatifs à une même heure, et cette courbe serait la ligne
horaire de cette heure, si tous ces points étaient dans
un même plan; mais nous savons qu'ils sont dans des
plans différens. Notre courbe n'est donc que la *projection verticale* de la véritable ligne horaire. Pour
avoir celle-ci telle qu'elle est, il faut encore développer
la surface cylindrique en un plan. Sa base sera une
ligne droite, sur laquelle on élèvera les génératrices
aux distances convenables, et sur celles-ci on marquera les hauteurs déjà trouvées. Par les points appartenans à une même heure, on fera passer une nouvelle
courbe, qui sera la véritable ligne de cette heure, tracée
sur un plan. On lui fera prendre la courbure convenable, en appliquant le plan sur le cylindre. Il ne restera donc plus alors qu'à faire graver ces lignes sur la
surface donnée, et le cadran sera construit.

Telle est la solution du problème proposé dans les
deux cas qu'il renferme. J'ajoute celle d'un autre problème, relatif encore à la surface cylindrique, qui fut
proposé il y a peu temps dans les *Annales de Ma-
thématiques.*

PROBLÈME ONZIÈME ET DERNIER.

Construire un cadran solaire sur une colonne cylin-
drique, surmontée d'un chapiteau circulaire d'un
diamètre plus grand que celui de la colonne, de
manière que l'heure soit indiquée par l'ombre de
ce chapiteau.

En général, dans les cadrans solaires, l'heure est
indiquée par l'ombre d'un style, qui parcourt la surface du cadran, et coïncide successivement avec chacune des lignes horaires. Dans le cas présent c'est
autre chose. D'abord, le cadran demandé ne doit point
avoir de style, puisqu'on veut que l'ombre du chapiteau y marque les heures; de plus, les lignes horaires,
par le même défaut de style, ne peuvent plus y être
les intersections des plans horaires avec la surface du
cadran : ce sont des lignes qui doivent être tracées par
d'autres considérations.

D'un autre côté, l'ombre du chapiteau, à une même
heure, tombant sur la colonne, ou plus haut ou plus
bas, selon que le soleil à cette heure est plus ou moins
élevé au-dessus de l'horizon, il suit que si l'on voulait
que l'heure fût marquée par tout le bord de l'ombre,
il faudrait tracer sur la colonne une infinité de courbes
qui se croiseraient de toutes les manières, d'où naîtrait
une confusion extrême, qui rendrait la chose imprati-
cable et inutile. Ce n'est donc pas par le bord con-
tinu de l'ombre, mais par quelques points remarqua-
bles de cette ombre, que l'heure doit être donnée. Ces
points sont ceux où l'ombre du chapiteau se termine
sur la colonne.

Bien que l'ombre du chapiteau et sa courbure varient
journellement sur la colonne pour une même heure,
néanmoins cette ombre peut toujours y être renfermée
entre deux lignes parallèles, distantes entre elles hori-

zontalement, dans tous leurs points ; d'une quantité égale à la demi-circonférence du cylindre ; car il est facile de voir que le soleil, à chaque instant, éclaire toujours une moitié de la colonne. Les deux parallèles étant tracées pour une certaine heure, on sera donc assuré qu'il est cette heure-là, toutes le fois que l'ombre du chapiteau se trouvera comprise entre elles. Nous avons vu quelque chose de semblable pour un certain cadran sphérique. Le problème actuel a donc pour objet de tracer ces sortes de lignes, pour toutes les heures de la journée, sur une colonne d'un diamètre connu, et pour un chapiteau pareillement donné.

SOLUTION.

La colonne étant dans une position verticale, si l'on conçoit des plans passant par son axe et par le soleil, ces plans rencontreront la surface du cylindre suivant des droites verticales, qui seront celles qui répondent directement au soleil, et passent par le milieu de l'ombre du chapiteau. A l'heure de midi, le soleil étant toujours dans le méridien, et le plan de ce cercle horaire, qui est vertical, passant en cette qualité par l'axe de la colonne, il suit que pendant toute l'année le soleil, à cette heure, répond constamment à la *même* génératrice de la surface cylindrique, et que l'ombre du chapiteau est aussi toujours terminée des deux côtés aux *mêmes* verticales. Ainsi en traçant de haut en bas, sur la colonne, deux lignes droites, éloignées d'un quart de cercle de celle qui répond au soleil quand il est au méridien, on aura les lignes horaires de midi, et il sera midi en effet toutes les fois que l'ombre du chapiteau sera comprise entre ces deux droites.

Pour toute autre heure, le soleil à cette heure sera bien toujours dans le même cercle horaire ; mais non pas dans le même vertical : car les cercles horaires, autres que le méridien, ne passant pas par le zénith, ne peuvent se confondre avec aucun des cercles verticaux, et coupent ceux-ci à des hauteurs différentes, selon qu'ils s'écartent plus ou moins du méridien. Il suit de là que, selon que le soleil sera plus haut ou plus bas dans un cercle horaire, il se trouvera en même temps dans un vertical plus éloigné ou plus rapproché du méridien, et par suite il répondra, à la même heure, à des verticales différentes sur le cylindre. La ligne qui à cette heure divise en deux parties égales l'ombre du chapiteau dans les divers temps de l'année, n'est donc plus une ligne droite, mais bien une ligne courbe, ainsi que celles qui doivent terminer cette ombre des deux côtés, et qui lui sont parallèles. Toute la difficulté du présent problème consiste donc à tracer ces courbes pour chaque heure du jour, ce qui se réduit à trouver les points où elles coupent les diverses génératrices de la surface cylindrique. Or, pour cela, il y a deux constructions à faire; la première pour avoir le *vertical* du soleil, autrement dit son *azimuth*, et sa *hauteur* au-dessus de l'horizon, à une heure et à une époque données; et la seconde pour marquer, d'après cela, les *limites* de l'ombre du chapiteau sur le cylindre dans les mêmes circonstances. Exposons d'abord la première construction.

1. Avec un rayon un peu grand, pour que la figure soit plus distincte et la construction plus juste, je décris une circonférence de cercle, que je divise en deux par un diamètre horizontal. Le demi - cercle supérieur représentera la moitié du méridien, et le demi-cercle inférieur la moitié de l'horizon : le diamètre horizontal est la *section commune* des plans de ces deux cercles. Au-dessus de ce diamètre je mène, 1° un rayon qui fasse avec ce diamètre un angle égal à la latitude du lieu : c'est l'axe du monde; 2° un autre

rayon perpendiculaire à celui-là : c'est la trace de l'équateur sur le plan du méridien ; 3° à vingt-trois degrés et demi, à droite et à gauche de l'équateur, deux parallèles à celui-ci, terminées au diamètre horizontal : ce sont les deux tropiques.

2. Maintenant, si le jour donné est le jour du solstice d'été, et que *deux heures* soit aussi l'heure donnée, on trouvera facilement sur le plan du méridien, et sur celui de l'horizon, les points où répond perpendiculairement le soleil à cette époque et à ce moment, ce que l'on appelle les *lieux* du soleil rapportés aux plans de ces deux cercles. On prendra donc sur la circonférence de l'horizon, à partir de la section commune, un arc de *trente* degrés, et l'on mènera par ce point un rayon au centre. De ce même centre, avec une ouverture de compas égale au rayon du tropique que l'on a dans le demi-cercle supérieur, on décrira sur le plan horizontal une autre demi-circonférence, sur laquelle la droite menée précédemment, interceptera aussi un arc de trente degrés. Or, comme à deux heures le soleil est éloigné du méridien de cette quantité, le *sinus verse* (*) du dernier arc porté sur le tropique, en partant de la circonférence du méridien, donnera le lieu du soleil rapporté au plan de ce dernier cercle ; et en abaissant de ce point une verticale jusque sur le plan de l'horizon, et menant dans celui-ci, par l'extrémité de l'arc de trente degrés, pris sur la circonférence intérieure, une parallèle au diamètre horizontal, le point où ces deux droites se rencontreront sera le lieu du soleil rapporté au plan de l'horizon.

(*) La perpendiculaire abaissée de l'extrémité d'un arc sur le rayon qui passe par l'autre extrémité, s'appelle le *sinus ;* et la partie du rayon comprise entre l'arc et le sinus, est le *sinus verse.*

3. Par le lieu horizontal que l'on vient de trouver, et par le centre, l'on fera passer une droite qui sera la trace du plan vertical dans lequel le soleil se trouve en ce moment. L'arc de l'horizon que cette droite interceptera fera connaître l'azimuth du soleil, ou l'angle que fait avec le méridien le vertical qui passe par le centre de cet astre. En opérant de même pour toute autre heure et pour tout autre temps de l'année où la déclinaison du soleil est censée connue, on aura facilement la position des verticaux, qui passent par le soleil dans ces divers instans, et par conséquent les azimuths de cet astre.

4. Pour avoir les hauteurs du soleil au-dessus de l'horizon à ces mêmes instans, on prendra avec un compas la distance du centre au *lieu horizontal* du soleil, et on la portera sur la section commune, depuis son intersection avec la verticale orrespondante jusqu'au-delà du centre. De ce dernier point trouvé on mènera une droite au *lieu vertical* du soleil, et l'angle que fera cette droite avec le diamètre horizontal, exprimera la hauteur de cet astre au-dessus de l'horizon dans les circonstances supposées. L'on aura donc facilement, par la construction qu'on vient de faire connaître, pour tous les temps de l'année et pour toutes les heures du jour, les *hauteurs* et les *azimuths* du soleil. Passons à la deuxième construction que nous avons annoncée.

5. L'azimuth et la hauteur du soleil étant trouvés l'un et l'autre pour trois époques différentes de l'année, pour les deux solstices et l'équinoxe, je trace sur une autre feuille de papier une droite horizontale ; et je considère ce qui est au-dessus de cette droite comme le plan d'élévation de la colonne, et ce qui est au-dessous comme le plan horizontal sur lequel elle repose. La droite menée est donc encore ici la section commune des deux plans. Du point où l'axe de la

colonne rencontre cette droite, et avec un rayon égal à celui du cylindre, je décris sur le plan horizontal une demi-circonférence : c'est la base de la moitié de ma colonne. Du même point, je décris une autre demi-circonférence avec le rayon du chapiteau : c'est la *projection horizontale* de celui-ci.

6. Je divise la demi base en deux parties égales, par un rayon perpendiculaire à la section commune : c'est la trace du méridien sur le plan horizontal. En le prolongeant au-dessus, on a la trace du méridien sur le plan vertical, laquelle se confond ici avec l'axe du cylindre.

7. Je mène ensuite, toujours sur le plan horizontal, trois rayons faisant, avec la trace méridienne, les angles d'azimuth trouvés pour *une heure* après midi par exemple, dans les trois époques choisies. Par les points où ces trois rayons rencontrent la circonférence de la base, si l'on mène des droites perpendiculaires à la section commune, et qu'on les prolonge au-dessus, celles-ci répondront aux génératrices de la surface cylindrique, qui sont à une heure, et dans ces trois saisons, en face du soleil, et qui passent par le milieu de l'ombre du chapiteau sur la colonne. Mais ce n'est pas le point du milieu qu'il nous faut, ce sont les points extrêmes.

8. On prendra donc sur la circonférence de la base trois points éloignés de ceux qu'on avait trouvés, d'un quart de circonférence, et l'on élèvera par là des verticales dans le plan supérieur. Celles-ci répondront aux génératrices, où l'ombre du chapiteau vient se terminer à une heure, aux trois époques dites. Il ne reste plus qu'à trouver quelle est la *hauteur* où arrive le bord de l'ombre sur chacune de ces verticales.

9. A l'extrémité du diamètre horizontal de la base on élèvera une perpendiculaire, qu'on terminera à la rencontre de la circonférence du chapiteau. De ce der-

nier point on mènera trois droites, qui fassent avec cette ligne des angles égaux aux trois hauteurs du soleil qu'on a trouvées par la première construction, pour l'heure et les époques convenues; et ces droites iront couper sur l'horizontale, des parties qui mesureront l'abaissement au-dessous du chapiteau, du *point* où l'ombre vient alors se terminer. On aura donc sur le plan vertical trois points pour chaque heure, qu'on unira par une courbe; et toutes ces courbes seront les lignes horaires du cadran demandé, mais rapportées sur le plan vertical qui passe par l'axe de la colonne, et est perpendiculaire au méridien.

La recherche de toutes ces lignes sera cosidérablement abrégée, en observant que celles du matin sont tout-à-fait semblables à celles du soir; qu'elles sont aux mêmes distances des lignes de midi, et seulement dans une situation opposée.

10. Lorsque toutes ces lignes horaires auront été tracées, on fera passer une courbe par leurs extrémités inférieures : l'on unira de même, par une autre courbe, leurs extrémités supérieures, et l'on écrira, le long de l'une et de l'autre, les numéros qui conviennent à chaque ligne. Ces nouvelles courbes sont sur le plan vertical, la route du point marquant de l'ombre aux deux solstices. On pourrait avoir de même celle qui convient aux équinoxes ou à tout autre temps de l'année.

11. Ce ne sont pas les lignes horaires elles-mêmes qu'on vient de trouver, mais seulement leurs *projections*. Pour les avoir telles qu'elles sont, il reste à développer le cylindre en un plan; à y placer dans leur ordre et à leurs distances respectives, les différentes génératrices; marquer sur ces génératrices les points qui ont été trouvés pour chaque heure, et unir ces points par des courbes. Celles-ci seront les lignes horaires elles-mêmes développées sur une surface plane.

On aura soin aussi de lier leurs extrémités supérieures et inférieures par deux courbes.

12. Enfin, en appliquant le plan du développement sur la surface de la colonne, toutes ces lignes prendront la courbure qu'elles doivent avoir; et si elles ont été placées au-dessous du chapiteau à la distance qui convient, et qu'on ait fait coïncider les lignes de XII heures avec les deux verticales qui terminent la partie éclairée de la colonne à l'heure de midi, on pourra les graver alors sur la surface donnée, et le cadran solaire demandé sera construit; c'est-à-dire que tous les jours de l'année, à mesure que le soleil arrivera à quelqu'un des cercles horaires célestes, l'ombre du chapiteau atteindra quelqu'une de nos lignes horaires, la ligne correspondante; de façon qu'à chaque instant le cadran indiquera l'heure qu'il est au soleil. Le problème proposé est donc résolu.

Comme la vue embrasse toujours à peu près la moitié du cylindre, et que l'heure est indiquée à la fois par les deux extrémités de l'ombre, toujours distantes entre elles d'une demi-circonférence, il est facile de sentir que dans cette espèce de cadran on pourra toujours voir l'heure qu'il est, quelque part qu'on soit placé autour de la colonne.

GNOMONIQUE ANALYTIQUE,

Ou SOLUTION par la seule analyse, de ce problème général : *Trouver les intersections des cercles horaires avec une surface donnée.*

———

La Gnomonique a pour objet de tracer les intersections des cercles horaires avec une surface donnée. Divers auteurs ont traité ce sujet plus ou moins complètement : les uns n'ont presque indiqué que des moyens mécaniques; d'autres se sont appuyés de considérations géométriques, et ont enseigné des procédés graphiques; quelques-uns ont emprunté le secours de la Trigonométrie, et ont employé le calcul. Je n'en connais aucun qui n'ait fait usage pour cela que de la seule analyse (1). Cependant il m'a paru que ce moyen devait conduire à des résultats plus généraux, dispenser de la considération des triangles, et fournir des formules simples, et dont l'application n'a besoin que de la connaissance et de l'usage d'une table de sinus. J'ai donc cherché par les méthodes connues de l'analyse, la solution de ce problème général : *Trouver les intersections des cercles horaires avec une surface connue, plane ou courbe;* mais j'ai cru devoir suivre une marche progressive et graduée, et commencer par les cas les plus simples, pour passer ensuite à ceux qui sont plus compliqués. Outre que cette méthode fatigue moins l'esprit, elle a encore cet avantage que les solutions particulières obtenues

———

(1) On trouve ce même sujet traité analytiquement, mais d'une manière différente, dans la nouvelle édition de l'*Astronomie physique* de M. Biot, laquelle est postérieure à la lecture de ce Mémoire.

d'abord, servent ensuite à vérifier la solution générale du problème, dans laquelle elles doivent se trouver renfermées. Mais avant de présenter ici le tableau des formules qui conviennent aux divers cas que j'ai examinés, je pense qu'il est à propos de faire connaître la marche que j'ai suivie pour les obtenir.

J'ai pris pour les plans rectangulaires coordonnés auxquels doivent se rapporter tous les points de l'espace, les plans de *l'horizon*, du *méridien*, et du *premier vertical*. J'ai cherché dans ce système, l'équation générale des cercles horaires, ou plutôt de leurs plans ; et en combinant cette équation, 1° avec celle du plan de l'horizon, j'ai eu la formule qui donne la direction des lignes horaires sur le plan horizontal ; 2° avec celle du premier vertical, j'ai eu de même la direction des lignes horaires sur ce dernier plan ; 3° avec celle du méridien, je n'ai trouvé qu'une équation, où l'angle horaire n'entre plus, et qui appartient à l'axe du monde, lequel est, comme on sait, la commune intersection de tous les cercles horaires. Il n'y a donc pas d'autres ligne horaire sur le plan du méridien. Mais ces lignes peuvent être tracées sur un plan *parallèle* au plan du méridien ; et l'on obtient la formule pour ce cas, en traitant l'équation des cercles horaires avec celle de ce plan parallèle.

L'application des formules trouvées suppose qu'on sait tracer une *ligne méridienne* sur le plan donné. Les méthodes pour tracer une pareille ligne sur un plan horizontal, sont assez généralement connues (1). Maintenant si, sur cette méridienne horizontale, on prend un point, que l'on considérera comme *le centre de la sphère*, et qu'à ce point on fixe un style exactement dirigé vers le pôle ; ce style représentera *l'axe*

---

(1) Pour la manière de tracer une méridienne horizontale, voyez l'*Étude du Ciel*, pag. 65 et 183.

du monde, autour duquel se fait le mouvement diurne du soleil; et si de ce même centre on mène des droites qui fassent avec la méridienne les angles indiqués par la formule, ces droites seront les lignes horaires demandées. Comme ces angles sont donnés par leurs *tangentes,* on tracera ces lignes avec plus de facilité, *en élevant une perpendiculaire au bout de la méri-dienne,* et *prenant sur cette perpendiculaire les valeurs des tangentes pour un rayon égal à la partie de la méridienne comprise entre le centre et la per-pendiculaire.* Ce procédé est extrêmement simple, et facile à exécuter.

Pour le plan du premier vertical, toute ligne droite menée bien d'à-plomb est une méridienne. Le point de cette ligne, où l'on plante le style, toujours exacte-ment dirigé vers le pôle, est le centre de la sphère, et l'origine commune de toutes les lignes horaires, que l'on pourra encore tracer par le moyen qu'on vient de dire. Enfin, pour le plan parallèle au plan du méridien, il ne saurait y avoir de méridienne, ni de centre : mais le style regardant toujours le pôle, et étant porté par une verge de métal perpendiculaire au plan, les lignes horaires seront toutes *parallèles* entre elles, et à la droite menée par le pied de la verge parallè-lement au style, c'est-à-dire, qu'elles seront toutes dirigées vers le pôle. Cette dernière droite sera la li-gne de six heures, et les autres lignes horaires en seront distantes verticalement de la quantité donnée par la formule.

Après avoir trouvé les formules qui conviennent à ces trois cas, il est bon de les discuter, et je fais voir qu'elles conviennent à tous les pays de la terre. Seulement lorsqu'il s'agit des lieux situés sous l'équa-teur, la première formule ne donne rien; c'est que l'axe du monde est alors couché sur le plan horizon-tal; et que les intersections de tous les cercles ho-

raires avec ce plan se réduisent à cette seule ligne.
Il faut donc ici chercher les intersections de ces cercles
avec un plan parallèle au plan horizontal, et qui
en est distant d'une quantité connue. De même sous
le pôle, à une latitude de 90 degrés, la seconde formule ne donne rien pour la même raison ; et c'est
seulement sur un plan parallèle au plan du premier
vertical que l'on peut tracer les lignes horaires. Les
formules, pour ces deux cas, nous donnent encore des
lignes parallèles entre elles, et dirigées, comme le style,
vers les pôles du monde. Nous observerons, pour les
points qui ont une latitude de 90 degrés, que tout
plan vertical peut être considéré comme le premier
vertical.

Après avoir ainsi discuté les formules trouvées,
je résous le problème par rapport aux plans *verticaux*,
autres que le premier vertical. On appelle *déclinaison*,
l'angle que fait un plan vertical avec ce dernier. Pour
trouver cette déclinaison, je fais usage d'une méthode
extrêmement simple. Voici en quoi elle consiste : je
fixe une petite tringle de fer bien perpendiculairement
au plan donné. Au moment de midi vrai (1), je
marque sur le plan l'extrémité de son ombre, et par
le point marqué je fais passer une verticale : je trace
encore par le pied de la tringle une ligne horizontale,
qui va couper la verticale en un certain point ; et je
conçois cette portion de l'horizontale, comme la base
d'un triangle qui a son sommet à l'extrémité antérieure de la tringle. *L'angle formé en cet endroit,
et qu'il est facile de calculer, est la déclinaison
demandée.*

---

(1) Ce moment du midi vrai sera donné par une méridienne
horizontale. En général, lorsqu'on veut tracer un cadran solaire
sur un plan autre que le plan horizontal, il convient d'avoir
tout auprès, un plan horizontal sur lequel on aura tracé une
méridienne, et qui portera un *style* ou *gnomon*, pour indiquer
l'heure de midi.

Ayant enseigné à trouver la déclinaison d'un plan vertical quelconque, je prends l'équation générale de ces sortes de plans, et en la combinant avec celle des cercles horaires, je parviens à des résultats qui conviennent *aux projections* des intersections cherchées. Mais ce sont ces *intersections* elles-mêmes qu'il nous faut pour pouvoir les tracer facilement sur le plan donné : ceci entraîne la nécessité de changer les plans coordonnés, et de faire en sorte que l'un deux coïncide avec le plan donné. On arrive aisément à ce but, en faisant tourner le plan du premier vertical sur l'axe de l'horizon, jusqu'à ce qu'il ait la même déclinaison que ce plan : le plan de l'horizon demeure immobile; mais le plan du méridien tourne en même temps que le premier vertical. Les plans auxquels tous les points de l'espace sont rapportés, étant dans cette nouvelle position, on change convenablement l'équation des cercles horaires; et en la combinant avec celle du plan, on trouve une formule très-simple qui donne toutes les lignes horaires sur ce plan.

On pourrait ici mener encore sur le plan une verticale quelconque qu'on prendrait pour la méridienne, et planter le style sur un point de cette méridienne, qui serait l'origine commune de toutes les lignes horaires : mais il faudrait avoir soin que ce style fût exactement dirigé vers le pôle; ce qui exigerait la détermination d'un autre angle dépendant de la déclinaison du plan. Mais le moyen employé pour trouver cette déclinaison, va encore nous servir à poser le style. La verticale déjà menée sera la méridienne, et l'on prendra sur cette ligne, et au-dessus de l'horizontale, un point tel que sa distance à l'intersection des deux lignes soit la base d'un triangle ayant son sommet à l'extrémité antérieure de la tringle, et faisant là un *angle égal à la latitude du lieu.* À ce point qui est facile à trouver, on plantera un style droit, qui s'appuiera sur le bout de la tringle, et qui sera par ce moyen posé convenablement pour indiquer par la coïncidence de son ombre avec les lignes horaires menées du même point, l'arrivée du soleil à chacun des cercles horaires célestes.

La formule à calculer pour le cas que nous venons de traiter, est composée de deux parties, l'une constante, et l'autre dépendante de l'angle horaire. L'opération est donc presque aussi simple que pour les cas précédens ; et les lignes horaires peuvent encore se tracer par une méthode semblable à celle donnée plus haut.

Le cas dont il est ici question, est celui qui se rencontre le plus fréquemment. On trace peu de cadrans solaires horizontaux, parce qu'il faut en être fort près pour y apercevoir les lignes horaires, et l'ombre du style. La plupart de ces cadrans sont tracés sur des plans verticaux, parce que ces plans se rencontrent par tout, et que l'on peut y apercevoir de loin l'heure indiquée par l'ombre du style. Mais il est peu de ces plans qui soient exactement tournés vers le sud : la plupart déclinent plus ou moins du côté du levant, ou du côté du couchant, et par conséquent on est fréquemment dans les cas d'employer la dernière formule, dont le calcul n'est guère plus difficile que celui des précédentes, et qui fournit une méthode également simple pour tracer les lignes horaires sur ces sortes de plans.

Au reste, la méridienne du plan étant tracée, et le style étant posé, comme on a dit, on peut se dispenser de calculer la formule, en faisant usage d'une montre bien réglée, et traçant par son moyen les lignes horaires d'heure en heure, ou de demi-heure en demi-heure.

Comme j'ai considéré les plans qui passent par l'*axe de l'horizon*, je considère de même ceux qui passent

par l'*axe du méridien*, qui est la ligne *est-ouest*, et
ensuite ceux qui sont menés par l'*axe du premier
vertical*, qui est la ligne *nord-sud*. En changeant convenablement deux des plans coordonnés, et transfor-
mant l'équation des cercles horaires, j'arrive à deux
formules également simples, qui donnent les lignes
horaires au moyen de l'angle qu'elles font avec la méridienne, et de celui que le plan fait avec l'horizon dans
le premier cas, et avec le méridien dans le second. Cet
angle se trouve aisément au moyen d'une verge perpendiculaire au plan, de l'extrémité de laquelle on laisse
tomber un fil à-plomb : l'angle formé à ce point est
égal à l'inclinaison du plan sur l'horizon ; et il est le
complément de l'abaissement du plan relativement au
méridien, pour tous ceux qui passent par la ligne *nord-
sud*.

Pour les plans *inclinés* passant par l'axe du méridien, la ligne méridienne peut se tracer de la même
manière que sur un plan horizontal ; et le style doit
être planté sur un point de cette méridienne, de manière que son ombre tombe sur cette ligne à l'heure
de midi, et qu'il fasse avec elle un angle égal à la latitude *plus* ou *moins* l'inclinaison du plan. Sur les plans
abaissés passant par l'axe du premier vertical, une
ligne horizontale quelconque peut servir de méridienne : un point de cette ligne servira de centre, et le
style sera fixé à ce point. On aura soin de le placer
dans le plan du méridien, et de lui faire faire avec la
ligne méridienne un angle égal à la latitude.

Parmi les plans *inclinés* qu'on vient de considérer,
il y en a un qui coïncide avec l'équateur, et par conséquent sur lequel les lignes horaires font toutes entre
elles des angles égaux, comme les cercles horaires
entre eux. Il en est encore un autre qui passe par les
pôles, et pour lequel les intersections horaires se réduisent à une seule ligne, qui est l'axe du monde. Mais

dans ce cas, il faut placer le style hors du plan, et considérer celui-ci comme étant simplement parallèle à celui qui renferme l'axe de la sphère. On trouve ainsi que toutes les lignes horaires sur ce plan sont des lignes parallèles entre elles, et parallèles à l'axe : leur distance mutuelle dépend de l'éloignement du style, qui doit être regardé comme l'intersection commune de tous les cercles horaires.

Nous avons jusqu'ici parcouru les cas les plus simples : il faut enfin envisager le problème sous le point de vue le plus général. Il s'agit donc à présent de tracer les lignes horaires sur un plan situé d'une manière quelconque, ayant telle *déclinaison* et telle *inclinaison* qu'on voudra. On peut supposer que le plan était d'abord vertical, ayant une certaine déclinaison, et qu'on l'a ensuite incliné à l'horizon d'une quantité connue. Dans ce cas, l'angle qu'il fait avec le premier vertical change, et la détermination de ce nouvel angle offre quelque difficulté. L'angle avec l'horizon se trouve, comme on a dit : pour avoir celui avec le premier vertical, il faut, à l'extrémité de la tringle perpendiculaire au plan donné, ajuster un fil horizontal, et situé dans le plan du méridien. L'angle que ce fil fera alors avec la tringle métallique, sera l'angle demandé, ou son *supplément*. On peut, au lieu de cet angle, employer celui que la *trace* du plan donné sur le plan de l'horizon fait avec la méridienne horizontale, ou *trace du méridien* sur le même plan horizontal. Au reste, on peut passer facilement de l'un de ces angles à l'autre, et calculer indifféremment la formule pour l'un ou pour l'autre cas.

En prenant le plan donné pour un des plans coordonnés, et son intersection avec le plan horizontal pour un des axes, les deux autres plans étant pris perpendiculaires entre eux, et à celui-ci, si l'on fait usage des transformations connues, et qu'on les introduise dans l'équation des cercles horaires, tous les points de leurs plans se trouveront rapportés au nouveau système, et l'on parviendra ainsi à une formule qui donnera toutes les lignes horaires·par les angles qu'elles font avec la *trace horizontale* du plan donné. On trouve même par ce moyen la méridienne du plan, sur laquelle on prendra un point pour y fixer le style dans la position convenable.

La formule que l'on obtient pour ce cas général, est, comme de raison, plus compliquée que les précédentes, puisqu'outre l'angle horaire, il y entre deux autres angles variables pour chaque plan. Mais on peut encore la réduire à deux termes, dont l'un est constant pour le plan donné, et l'autre est variable, comme dépendant de l'angle horaire. Ainsi le calcul en est encore assez facile, et les lignes horaires se tracent toujours de·la même manière. On peut aisément vérifier cette formule générale, et y retrouver toutes celles obtenues précédemment pour les cas plus simples qu'on a examinés d'abord.

Le problème des lignes horaires sur une surface plane, ayant été résolu complètement, je passe à celui qui a pour objet de tracer ces lignes sur une surface courbe; et comme ici il faut nécessairement se borner, j'ai choisi les surfaces courbes les plus connues, et dont la génération est plus facile à concevoir : elles sont toutes prises parmi les surfaces du *second ordre*. Je commence donc par la *surface sphérique*, dont l'équation est fort simple lorsque le centre est à l'origine des coordonnés. Toutes les sections de cette surface par les plans horaires sont évidemment de grands cercles disposés autour de l'équateur de cette sphère, comme les cercles horaires autour de l'équateur céleste. Pour que le style, que nous supposons passer par le centre de la sphère, puisse indiquer l'heure par son ombre, il est nécessaire que la sphère soit transparente,

ou qu'elle soit réduite à une demi-sphère, la moitié su-
perflue étant détachée par un plan perpendiculaire au
méridien et passant par l'axe : les lignes horaires doivent alors être tracées sur la concavité de l'hémisphère
restant.

Après la surface sphérique, je considère la *surface
cylindrique* dont la base est une circonférence de cercle. Je suppose que l'axe du cylindre passe par l'origine, et je le place d'abord dans une situation verticale;
et combinant l'équation de cette surface avec celle des
cercles horaires, je trouve que leurs intersections sont
en général des *ellipses*. Pour pouvoir tracer ces courbes sur la surface donnée, je traverse le cylindre d'un
style qui coupe son axe, et qui, sortant des deux côtés, se dirige vers les pôles. Je conçois un plan horizontal qui coupe le cylindre à la hauteur du point où
son axe est rencontré par le style; et imaginant le cylindre coupé par une suite de plans verticaux passant
tous par son axe, j'observe que ces plans coupent la
surface cylindrique suivant des droites verticales, dont
la position sur cette surface dépend de la déclinaison des plans coupans. Maintenant si l'on cherche
les points de rencontre de ces droites avec la section
faite par un cercle horaire donné, on aura sur la surface cylindrique une suite de points, par lesquels faisant passer une ligne courbe, ce sera la ligne horaire
correspondante. La section *horizontale* faite dans la
surface cylindrique, est la limite de laquelle on doit
compter soit au-dessus, soit au-dessous, les distances
verticales qui doivent donner les points de rencontre
cherchés.

Outre cette position verticale de l'axe du cylindre,
j'en ai examiné encore deux autres. J'ai supposé cet
axe coïncidant d'abord avec l'axe du monde, et ensuite
avec l'intersection de l'équateur et du méridien. Dans
cette dernière position, les sections faites dans la surface cylindrique sont encore en général des ellipses;

et l'on trouve les différens points de leurs cours par la même méthode que tout à l'heure. Dans l'autre cas, les intersections horaires sont toutes des lignes droites, parallèles à l'axe; le cylindre doit être transparent, ou bien réduit à un demi-cylindre par un plan mené par son axe perpendiculairement au méridien, et alors les lignes horaires sont tracées sur sa concavité, et l'axe du cylindre sert de style. La surface cylindrique pourrait se trouver dans d'autres positions, et l'on aurait de même les lignes horaires. Je n'ai pas cru devoir résoudre le problème dans toute sa généralité : mais l'on voit aisément quelle est la marche qu'il faut suivre pour cela.

La surface du *cône géométrique* ou *circulaire* a donné lieu à des considérations semblables ; mais pour celle-ci, le style devant passer par le *sommet* du cône, qui est le *centre* de la surface conique, et tous les plans horaires passant par conséquent par le même point, il suit que leurs intersections avec cette surface sont des lignes droites menées du sommet à quelque point de la base. En plaçant le cône dans une position verticale, on trouve les points où doivent aboutir les lignes horaires, en cherchant la *trace* de la surface conique sur un plan parallèle au plan de l'horizon, lequel est censé passer par le sommet du cône; et ensuite la *trace* des cercles horaires sur le même plan : les points communs à ces deux *traces* sont les point cherchés.

Si l'axe du cône est couché dans le plan de l'équateur et du méridien, et que le plan de sa base soit toujours perpendiculaire à cet axe ; en prenant le plan de l'équateur et celui du cercle horaire de six heures pour deux des plans coordonnés, et ne conservant que le méridien, on transformera convenablement l'équation des cercles horaires, et l'on obtiendra, comme ci-dessus, la détermination des points par lesquels doivent passer les lignes horaires demandées.

Dans le cas où le cône étant toujours dans la posi-

tion qu'on vient de dire, sa surface se prolongerait jusqu'à la rencontre d'un plan horizontal : alors en partant de l'équation primitive de cette surface, on cher-
cherait encore sa *trace* sur un plan parallèle au plan
horizontal passant par le sommet, et la *trace* des cercles horaires sur le même plan : les rencontres de ces
tracés seront les points où doivent arriver les lignes
horaires menées du sommet.

Enfin l'axe du cône peut coïncider avec l'axe du
monde, et les lignes horaires se trouvent dans cette position, comme dans la précédente : mais il faut encore
ici, ou que le cône soit transparent ou qu'il soit réduit
à la moitié par un plan perpendiculaire au méridien, et
passant par l'axe : les lignes horaires sont alors tracées
sur la concavité de la partie restante. On trouverait ces
lignes de la même manière pour toute autre position
de la surface conique.

Enfin j'ai cherché les intersections des cercles horaires avec l'*ellipsoïde*, l'*hyperboloïde* et le *paraboloïde*
de révolution. Les deux premières surfaces ayant un
centre, c'est là que je place l'origine des coordonnées ;
et c'est aussi là que doit être fixé le style. Si l'axe de la
révolution est vertical, l'équation de la surface sera
plus simple, et en cherchant sa *trace* sur un plan horizontal parallèle à celui qui passe par le centre, et
celle des cercles horaires sur le même plan, on trouvera des points par lesquels doivent passer les lignes
horaires demandées. S'il s'agit de l'ellipsoïde, ces lignes devant aussi passer par les points où le style rencontre la surface de l'ellipsoïde, on aura tout ce qu'il
faut pour les tracer. Mais le moyen de description le
plus simple consiste à attacher un fil à l'insertion du
style dans la surface, et à le tendre sur cette surface en
le faisant passer successivement par les points trouvés
sur le plan horizontal : les lignes tracées le long du fil
seront les lignes horaires. Dans le cas où l'axe de l'ellipsoïde serait dans toute autre position, il serait facile

de les avoir encore en faisant usage de ce qui a été dit ci-dessus.

Pour l'hyperboloïde dont l'axe est vertical, on trouvera de même sur un plan donné horizontal formant la base de cette surface, les points par lesquels doivent passer les différentes lignes horaires ; et pour les tracer plus facilement, comme elles doivent avoir la forme d'une hyperbole, on cherchera le sommet de cette hyperbole, en déterminant la position du plan horizontal où les deux points donnés par chaque cercle horaire se réduisent à un seul ; alors faisant passer un fil par ces trois points, ce fil tracera sur la surface courbe l'hyperbole qui est la ligne horaire cherchée. On ferait de même pour toute autre position de l'axe de l'hyperboloïde.

Dans le paraboloïde, il n'y a pas de centre. C'est donc par le sommet que doit passer le style ; et si l'axe du paraboloïde est vertical, le style pénétrera dans l'intérieur, et viendra sortir quelque part à la surface. Toutes les lignes horaires partiront donc de ce point ; et après avoir trouvé comme ci-devant, les points où ces lignes rencontrent le plan horizontal de la base du paraboloïde, on tendra un fil entre ces deux points, qui marquera la direction de la ligne horaire. Telle est la méthode que l'on peut suivre pour tracer ces sortes de lignes sur la surface du paraboloïde de révolution.

C'est ici que mon travail s'est terminé : ce sont là les divers cas du problème général énoncé au commencement, dont j'ai cherché la solution. J'y ai seulement ajouté, par forme d'*Appendice* le *moyen de marquer sur la méridienne*, le jour de l'entrée du soleil dans chaque signe de l'écliptique, et les *formules* pour tracer sur les plans de l'horizon et du premier vertical, la route journalière du rayon solaire qui passe par l'extrémité du style, ou par l'ouverture du gnomon.

FORMULES
POUR TRACER LES LIGNES HORAIRES.

·—·—·—·—·—·—·

I. SUR UNE SURFACE PLANE.

§ *Sur les plans de l'horizon, du premier vertical, du méridien,*
et ceux qui leur sont parallèles.

JE prends pour plans rectangulaires coordonnés, les plans
du méridien, de l'horizon et du premier vertical : le méridien
est le plan des xz, le premier vertical celui des yz, et l'horizon est le plan des xy. Pour éviter toute confusion dans les
signes, je considérerai les coordonnées comme positives dans
l'angle trièdre supérieur, occidental et méridional. D'après
cela, l'équation d'un cercle horaire, ou plutôt de son plan, est

$$x \sin L + y \cot AH + z \cos L = 0.$$

L est la latitude, et AH est l'angle horaire, ou l'angle que
le cercle horaire fait avec le méridien. On fera tang et cot AH
positifs du côté des y négatifs, et négatifs du côté des y positifs ; ce qui revient à considérer l'angle horaire comme positif
dans la partie orientale, et comme négatif dans la partie occidentale.

1°. L'équation du plan de l'horizon étant $z = 0$, l'intersection du cercle horaire avec l'horizon aura pour équation,

$$y = -x \sin L \, \text{tang} \, AH;$$

c'est la formule pour un cadran solaire horizontal. Cette formule est, comme on voit, l'équation d'une ligne droite passant
par l'origine, et faisant avec la méridienne un angle v, dont
la tangente est $\sin L \, \text{tang} \, AH$. Ainsi $\text{tang} \, v = \sin L \, \text{tang} \, AH$.

2°. L'équation du premier vertical étant $x = 0$, l'intersection du cercle horaire avec ce plan aura pour équation

$$y = -z \cos L \, \text{tang} \, AH,$$

5

d'où $\qquad$ $\tan g\, v = \cos L \tan g\, AH.$

C'est la formule pour un cadran solaire vertical sans déclinaison.

3°. L'équation du plan du méridien étant $y = 0$, l'intersection des cercles horaires avec ce plan a pour équation

$$x \sin L + z \cos L = 0,$$

c'est l'équation de l'axe du monde; c'est-à-dire que toutes les lignes horaires se réduisent sur ce plan au seul axe, qui est la section commune de tous les cercles horaires.

4°. L'équation d'un plan parallèle au méridien étant

$$y = \pm a,$$

l'intersection des cercles horaires avec ce plan aura pour équation

$$x = -z \cot L \pm \frac{a \cot AH}{\sin L};$$

c'est la formule pour les cadrans verticaux parallèles au méridien : a est la distance horizontale du style au plan. Si par le pied de la tringle perpendiculaire au plan qui porte le style, on trace sur ce plan une droite parallèle au style, l'équation de cette droite sera $x = -z \cot L$; et si par le même point, on mène sur le plan une verticale, ce sera sur cette verticale qu'il faudra prendre la quantité $\dfrac{\pm a \cot AH}{\sin L}$, et par les points ainsi trouvés, on mènera les lignes horaires parallèlement à la première droite.

Si dans la première formule on fait $L = 0$, il vient $y = 0$, équation de l'axe des x. Toutes les lignes horaires se réduisent donc à cet axe, qui est alors l'axe du monde.

5°. L'équation d'un plan parallèle à l'horizon étant

$$z = \pm \beta,$$

l'intersection des cercles horaires avec ce plan aura pour équation

$$x \sin L + y \cot AH \pm \beta \cos L = 0;$$

et à cause de $\sin L = 0$, et de $\cos L = 1$, cette équation se réduit à

$$y = \pm \beta \tan AH:$$

c'est la formule pour les cadrans horizontaux à l'équateur.

Si dans la deuxième formule ci-dessus on fait $L = 90°$, il vient $y = 0$, qui est ici l'équation de l'axe des z : c'est que cet axe coïncide alors avec l'axe du monde, et qu'il ne peut y avoir d'autre ligne horaire sur le plan du premier vertical, pour lequel on peut prendre tout plan vertical quelconque passant par cet axe.

6°. L'équation d'un plan parallèle au premier vertical étant

$$x = \pm \gamma,$$

l'intersection des cercles horaires avec ce plan aura pour équation

$$\pm \gamma \sin L + y \cot AH + z \cos L = 0;$$

et à cause de $\sin L = 1$, et $\cos L = 0$, cette équation se réduit à

$$y = \mp \gamma \tan AH:$$

c'est la formule pour les cadrans verticaux aux pôles de la terre.

§ *Sur un plan vertical avec déclinaison.*

7°. En appelant D la déclinaison d'un plan vertical, c'est-à-dire l'angle qu'il fait avec le premier vertical, en allant d'occident en orient et passant par le sud, l'équation de ce plan sera :

$$x \cos D - y \sin D = 0.$$

En combinant cette équation avec celle des cercles horaires, on arriverait à des équations appartenant aux *projections* des intersections de ces plans; mais il faut avoir les intersections elles-mêmes sur le plan donné. Je prends donc ce plan pour celui des $y'x'$; un vertical perpendiculaire à celui-là sera le plan des $x'z'$, et le plan de l'horizon sera celui des $y'z'$. Les formules pour la transformation des coordonnées seront ici

$$x = y' \sin D - x' \cos D, \text{ et } y = x' \sin D + y' \cos D.$$

L'équation des cercles horaires devient au moyen de cette transformation,

$$x' (\sin D \cot AH - \cos D \sin L)$$
$$+ y' (\sin D \sin L + \cos D \cot AH) + z' \cos L = 0.$$

L'équation du plan vertical donné étant alors $x' = 0$, l'intersection cherchée a pour son équation

$$y' = - z' \frac{\cos L}{\sin D \sin L + \cos D \cot AH}.$$

C'est la formule pour les plans verticaux déclinans, c'est l'équation d'une droite qui fait avec l'axe des z', ou la méridienne verticale, un angle ν dont la tangente est exprimée par

$$\frac{\cos L}{\sin D \sin L + \cos D \cot AH},$$

par conséquent

$$\cot \nu = \sin D \tang L + \frac{\cos D \cot AH}{\cos L}.$$

Pour avoir la déclinaison D du plan, on plantera une verge de fer bien perpendiculairement au plan ; on marquera sur ce plan l'extrémité de son ombre, au moment où le soleil est arrivé au méridien : on fera passer une verticale par ce point, qui rencontrera quelque part l'horizontale menée par le pied de la verge. Mesurant ensuite exactement cette portion l' de la ligne horizontale, et la longueur l de la verge métallique, on dira

$$l : l' :: 1 : \tang D = \frac{l'}{l}.$$

Pour trouver sur la méridienne le point où le style doit être planté, en appelant d la distance de ce point à l'intersection de la méridienne par l'horizontale, et d' la distance de la même intersection à l'extrémité antérieure de la verge, on aura

$$d' : d :: 1 : \tang L, \text{ d'où } d = d' \tang L.$$

Le point central trouvé, on y fixera le style, en l'appuyant, comme on a dit, sur le bout de la tringle perpendiculaire au plan ; et ce même point sera aussi l'origine de toutes les lignes horaires.

§ *Sur un plan incliné du nord au sud, ou réciproquement.*

8°. Considérons maintenant des plans passant par l'axe du méridien , et inclinés à l'horizon d'une certaine quantité I comptée en allant du sud au nord et passant par le zénith ; l'équation de ces plans sera

$$x \sin I - z \cos I = 0.$$

Cette équation combinée avec les cercles horaires, ne nous donnerait que les projections des intersections. On aura ces intersections elles-mêmes par une transformation semblable à la précédente. Le plan donné étant pris pour celui des $x'y'$, et les x' de même que les z' étant toujours situés sur le plan du méridien, on a ici pour les formules de transformation,

$$x = x' \cos I - z' \sin I, \text{ et } z = x' \sin I + z' \cos I.$$

L'équation des cercles horaires devient par le moyen de ces valeurs

$$x' (\cos I \sin L + \sin I \cos L) + y' \cot AH$$
$$+ z' (\cos I \cos L - \sin I \sin L) = 0.$$

L'équation du plan incliné étant $z' = 0$, celle de son intersection avec le cercle horaire devient

$$y' = - x' \sin (L + I) \tang AH.$$

C'est la formule pour les plans inclinés que nous considérons ici.

Lorsque I est le complément de L, $\sin (L + I) = 1$, et notre équation est alors

$$y' = - x' \tang AH,$$

formule pour le cadran *équatorial*, le plan incliné coïncidant alors avec le plan de l'équateur.

Lorsque I change de signe, et devient égal à L, il vient $y' = 0$; le plan est alors dirigé vers le pôle, et passe par l'axe du monde. Dans cette position , il n'y a pas sur ce plan d'autre ligne horaire que cet axe ; mais si l'on conçoit un plan parallèle à celui-là, et dont l'équation soit $z' = \pm \delta$; l'équation de l'intersection sera

$$y' = \pm \delta \tan AH \;;$$

c'est la formule pour les cadrans *polaires*.

§ *Sur un plan incliné de l'est à l'ouest, ou réciproquement.*

9°. Voyons de même ce qui a lieu pour les plans passant par l'axe du premier vertical, et appelons A l'angle qu'ils font avec le plan du méridien; positif dans la partie occidentale; négatif dans la partie orientale. Pour un angle qui va du positif au négatif en passant par zéro, le cosinus demeure positif, et le sinus passe du positif au négatif. L'équation générale de ces plans est

$$y \cos A - z \sin A = 0.$$

Il faut encore ici transformer l'équation des cercles horaires. En prenant le plan donné pour celui des $x'z'$, et comptant les y' et les z' sur le plan du premier vertical, les formules de transformation seront

$$y = y' \cos A + z' \sin A \quad \text{et} \quad z = z' \cos A - y' \sin A.$$

L'équation des cercles horaires devient au moyen de ces valeurs

$$x' \sin L + y' (\cos A \cot AH - \sin A \cos L)$$
$$+ z' (\sin A \cot AH + \cos A \cos L) = 0 \;;$$

et l'équation du plan étant alors $y' = 0$, celle de l'intersection des cercles horaires avec ce plan sera

$$z' = - x' \frac{\sin L}{\cos A \cos L + \sin A \cot AH}.$$

C'est la formule pour les plans *abaissés* que l'on a considérés ici. Cette équation est celle d'une ligne droite menée par l'origine ou le centre, et faisant avec l'axe des x', ou la méridienne horizontale, un angle v dont la tangente est

$$\frac{\sin L}{\cos A \cos L + \sin A \cot AH},$$

par conséquent

$$\cot v = \cos A \cot L + \frac{\sin A \cot AH}{\sin L}.$$

Pour trouver l'inclinaison I d'un plan sur l'horizon, il faut encore fixer une verge droite perpendiculairement au plan, et de son extrémité laisser tomber un fil-à-plomb jusqu'à la rencontre du plan. De ce point de rencontre on mènera au pied de la verge une droite a, que l'on mesurera avec soin; l'on mesurera de même la longueur l de la verge, et l'on fera

$$l : a :: 1 : \tan g\, I = \frac{a}{l};$$

on aura de même l'angle A, que font avec le plan du méridien les plans passant par l'axe du premier vertical; mais dans ce cas, le dernier terme de la proportion est la cotangente de l'angle d'abaissement

$$\cot A = \frac{a}{l}.$$

§ *Sur un plan déclinant et incliné d'une manière quelconque.*

10°. Soit enfin un plan quelconque passant toujours par l'origine des coordonnées, et faisant avec le premier vertical un angle D′ et avec l'horizon un angle I. L'équation de ce plan sera

$$x \cos D' + y \sqrt{\sin^2 D' - \cos^2 I} + z \cos I = 0.$$

En traitant cette équation avec celle des cercles horaires, nous n'aurions que les projections des intersections cherchées. Il faut donc encore ici faire une transformation. Je prends le plan donné pour celui des $x'z'$, par exemple, les axes de ces variables pouvant être situés comme on voudra sur ce plan. Pour plus de simplicité, je choisis pour axe des x', la trace de ce plan sur le plan des xy, et j'appelle φ l'angle que cette trace fait avec l'axe des x. I étant toujours l'inclinaison du plan donné sur le plan de l'horizon, on a pour la transformation des coordonnées les formules connues

$$z = z' \sin I + y' \cos I \ldots y = x' \sin \varphi + y' \sin I \cos \varphi - z' \cos I \cos \varphi$$

et
$$x = x' \cos \varphi - y' \sin I \sin \varphi + z' \cos I \sin \varphi.$$

En substituant ces valeurs dans l'équation des cercles ho-raires, ils seront rapportés aux nouveaux axes; et en faisant $y' = 0$, qui est l'équation de notre plan, on aura leurs inter-sections avec le plan donné. Ces intersections ont donc pour équation

$$z' = - x' \frac{\cos \varphi \sin L + \sin \varphi \cot AH}{\sin I \cos L + \sin \varphi \cos I \sin L - \cos I \cos \varphi \cot AH}.$$

C'est la formule pour un plan quelconque; mais ici l'axe des x' n'est pas la méridienne du plan, ni même en général l'une des lignes horaires, qu'on est dans l'usage de tracer sur les cadrans solaires. Mais l'on obtiendra facilement la di-rection de cette méridienne, en faisant dans l'équation pré-cédente l'angle horaire égal à zéro; en effet, l'équation se réduit alors à

$$z' = x' \frac{\sin \varphi}{\cos I \cos \varphi};$$

équation qui appartient à la méridienne demandée.

La formule générale qu'on vient de trouver, peut se vérifier facilement : en donnant aux angles I et φ des valeurs conve-nables, on y retrouve toutes les formules obtenues précé-demment.

On peut, dans cette formule, à l'angle φ, substituer celui qu'on a désigné par D'. On trouve facilement le rapport de ces angles, en cherchant la trace du plan donné sur le plan de l'horizon, et l'on conclut de là que

$$\sin \varphi = \frac{\cos D'}{\sin I}, \text{ et } \cos \varphi = \frac{\sqrt{\sin^2 D' - \cos^2 I}}{\sin I}.$$

En substituant ces valeurs dans la formule, elle devient

$$x' (\sin L \sqrt{\sin^2 D' - \cos^2 I} + \cos D' \cot AH)$$
$$+ z' \left\{ \sin I \cos L + \cos I \sin L \cos D' - \cos I \cot AH \sqrt{\sin^2 D' - \cos^2 I} \right\} = 0.$$

. L'angle D' n'est pas la même chose que la déclinaison D ; car après avoir fait tourner un plan sur l'axe des z, ce qui lui donne une certaine déclinaison ; si l'on vient à incliner ce plan, l'angle D' qu'il fait alors avec le premier vertical n'est plus le même que celui qu'il faisait auparavant ; mais il est facile de voir que ce nouvel angle dépend de la déclinaison D et de l'inclinaison I. On trouve que

$$\cos D' = \cos D \sin I.$$

En substituant dans la formule, on a

$$x' (\sin L \sin D + \cos D \cot AH)$$
$$+ z' (\sin I \cos L + \cos I \sin L \cos D - \cos I \sin D \cot AH) = 0.$$

Telle est la formule pour les intersections des cercles horaires avec un plan incliné et déclinant quelconque ; mais l'axe des x' est toujours la trace de ce plan sur le plan horizontal. Au reste, on peut encore rapporter les lignes horaires à la méridienne du plan, en se rappelant que cette méridienne a pour équation

$$z' = x' \frac{\sin \varphi}{\cos I \cos \varphi} ;$$

et faisant usage des valeurs trouvées ci-dessus, pour $\sin \varphi$ et $\cos \varphi$, lesquelles se réduisent à $\cos D$ et $\sin D$, lorsqu'on substitue D à D' : on a ainsi, en prenant la méridienne pour l'axe des x'',

$$x'' (\cos I \sin L + \cos D \sin I \cos L)$$
$$+ z'' \{ \sin I \sin D (\cos I \cos L - \sin I \sin L \cos D) - \cot AH (1 - \sin^2 I \sin^2 D) \} = 0.$$

Cette formule donne la direction des lignes horaires relativement à la méridienne du plan, et l'on peut la vérifier comme les précédentes. .

II. SUR UNE SURFACE COURBE.

§ *Sur la surface de la sphère.*

11°. Passons maintenant à la recherche des intersections des cercles horaires avec une surface courbe donnée, et commençons par la surface sphérique. Si le rayon est donné, et que l'origine soit placée au centre de la sphère, l'équation de cette surface est dans ce cas

$$x^2 + y^2 + z^2 = r^2.$$

En combinant cette équation avec celle des cercles horaires, on trouve des équations qui appartiennent aux projections de ces intersections, projections que l'on reconnaît facilement pour être en général des ellipses. Quant aux intersections elles-mêmes, il est facile de voir qu'elles sont des circonférences de grands cercles, distribués autour de la sphère, de la même manière que les cercles horaires le sont dans le ciel. C'est là tout ce que l'on peut dire au sujet de la surface sphérique située, comme on a dit; nous n'examinerons aucune autre position de cette surface, et nous allons passer de suite à la considération de la surface cylindrique.

§ Sur la surface du cylindre droit géométrique.

12°. Le rayon de la surface cylindrique étant r, et l'axe de cette surface passant par l'origine, son équation est, comme on sait,

$$x^2(b^2 + 1) + y^2(a^2 + 1)$$
$$+ z^2(a^2 + b^2) - 2abxy - 2azx - 2byz = r^2(a^2 + b^2 + 1),$$

ou $(bx - ay)^2 + (x - az)^2 + (y - bz)^2 = r^2(a^2 + b^2 + 1).$

Supposons d'abord que l'axe du cylindre coïncide avec l'axe des z; dans ce cas, $a = 0$ et $b = 0$, et l'équation précédente devient

$$x^2 + y^2 = r^2.$$

En combinant cette équation avec celle des cercles horaires, on ne trouve que les projections des intersections, projections qui sont en général des ellipses. On peut déterminer ces mêmes intersections dans leur plan, et l'on trouve encore qu'elles sont généralement des courbes de la même espèce; mais il s'agit de tracer ces courbes sur la surface du cylindre, et il faut pour cela chercher différens points de leur cours.

Si l'on conçoit qu'on ait fait passer au travers du cylindre et par son axe, un style dirigé vers les pôles, il est facile de voir que toutes les lignes horaires devront passer par les deux points où le style pénètre dans la surface cylindrique. De plus, si l'on fait passer par l'axe du cylindre une suite de plans verticaux, ayant tous les degrés possibles de déclinaison, tous ces plans couperont la surface cylindrique suivant des droites verticales, parallèles à l'axe des z, et dont les équations seront

$$x = r \sin D \dots y = r \cos D.$$

La rencontre de ces droites avec les plans des cercles horaires se trouve en substituant ces valeurs dans les équations de ceux-ci, et il vient ainsi

$$r \sin D \sin L + r \cos D \cot AH + z \cos L = 0,$$

d'où l'on tire

$$z = -r \frac{\sin D \sin L + \cos D \cot AH}{\cos L}.$$

On a donc ainsi les trois coordonnées des points de rencontre de l'intersection du plan vertical avec celle du cercle horaire; mais comme ces points se trouvent sur une surface donnée, et sur des droites dont la position est connue, c'est la valeur seule de z qui doit ici nous intéresser. Cette valeur doit se compter depuis une section horizontale faite sur la surface cylindrique à la hauteur où le style rencontre l'axe; cette section étant le véritable plan des xy. Les valeurs positives de z se comptent au-dessus, et les valeurs négatives au-dessous. Ayant trouvé par ce moyen différens points de la trace du plan horaire sur la surface donnée, on fera passer par tous ces points une courbe, qui sera la ligne horaire demandée, sur laquelle se projettera toujours l'ombre du style, lorsque le soleil sera dans le cercle correspondant. On voit qu'il faudra tracer autant de courbes qu'il y a de cercles horaires, dont on voudra avoir la trace sur la surface donnée, et que ces courbes étant décrites, il suffira d'*orienter* le cylindre, c'est-à-dire, de le placer de manière que le style soit dans le plan du méridien.

13°. Disposons l'axe du cylindre de manière qu'il coïncide avec l'axe du monde. Dans ce cas, $b = 0$ et $a = \cot L$, et l'équation de la surface devient

$$x^2 + y^2(a^2 + 1) + a^2 z^2 - 2azx = r^2(a^2 + 1),$$

ou

$$(x - az)^2 + y^2(a^2 + 1) = r^2(a^2 + 1).$$

En cherchant l'intersection de cette surface par les plans des cercles horaires, on trouve pour résultat, toute réduction faite,

$$y = \pm r \sin AH.$$

Cette équation, qui appartient à la projection de ces inter-sections sur le plan des yz, nous apprend que ces intersections sont, comme on pouvait le prévoir, des droites parallèles à l'axe du cylindre, et qu'il est facile de tracer sur sa surface.

14°. L'axe du cylindre étant toujours dans le plan du méridien, concevons qu'il soit de plus couché dans le plan de l'équateur; l'équation de la surface sera la même que tout à l'heure, a étant ici égal à tang L : mais les intersections par les plans des cercles horaires seront en général des ellipses. Pour pouvoir les tracer sur la surface donnée, il faudra, comme dans la première position examinée, concevoir une série de plans, passant par l'axe du cylindre, et faisant avec le méridien tous les angles possibles, angles que je désigne par D'. Ces plans couperont la surface cylindrique suivant des droites, qui ont pour équations

$$x \cos L = z \sin L + r \cos D' \dots y = r \sin D'.$$

En traitant ces équations avec celle des cercles horaires, on aura pour les points où ceux-ci sont rencontrés par ces droites,

$$z = r(\sin D' \cot AH - \cos D' \sin L),$$
$$x = r(\sin D' \cot AH \sin L + \cos D' \cos L),$$
$$y = r \sin D'.$$

Pour trouver ces points avec plus de facilité, on fera encore passer un style au travers du cylindre, et par son axe; et l'on concevra un plan passant par le style, perpendiculairement à l'axe. Sa section avec la surface cylindrique sera une circonférence de cercle. L'axe du cylindre étant pris pour l'axe des z', la ligne des pôles sera l'axe des x', et l'axe des y' sera le même que celui des y. En employant les formules connues pour cette transformation, les valeurs ci-dessus deviennent

$$z' = r \sin D' \cot AH, \quad x' = r \cos D', \quad y' = r \sin D';$$

on aurait obtenu les mêmes résultats, en faisant dans les formules précédentes $L = 0$.

La valeur de z' est ici la seule qui nous intéresse, parce que les points cherchés sont sur une surface donnée, et sur des lignes connues. Les valeurs de z' doivent se compter sur ces lignes, au-dessus et au-dessous, à partir de la section circulaire faite dans la surface cylindrique. Il y a encore ici autant de courbes différentes que de cercles horaires. La méridienne seule est une ligne droite, et la ligne horaire de six heures est une circonférence de cercle, qui se confond avec la section perpendiculaire qui passe par le style,

§ *Sur la surface du cône droit géométrique.*

15°. Je passe à une autre surface courbe, la surface du cône circulaire. Ici il est visible que le style ne peut guère être placé qu'au sommet du cône, qui est en même temps le centre de la surface conique. Ce point doit donc être l'origine des coordonnées, et alors l'équation de la surface est

$$(z + ax + by)^2 = M^2 (a^2 + b^2 + 1)(x^2 + y^2 + z^2);$$

M est le cosinus de l'angle α que la génératrice fait avec l'axe du cône; a et b déterminent la position de cet axe. Plaçons-le d'abord de manière qu'il coïncide avec l'axe des z; dans ce cas l'équation devient

$$z^2 \tan^2 \alpha - y^2 - z^2 = 0.$$

Si l'on traite cette équation avec celle des cercles horaires, pour avoir leurs intersections, on trouvera pour résultats des équations du second degré, mais qui n'appartiendront néanmoins qu'à des lignes droites, parce qu'en effet tous les plans coupans passant par le sommet du cône, leurs intersections avec sa surface ne peuvent être que des lignes droites. Pour tracer ces lignes avec plus de facilité, ce qui se présente de plus simple, c'est de chercher un seul point de leur cours, celui par exemple où elles rencontrent la circonférence de la base du cône. En appelant h la hauteur verticale du cône, le plan de sa base a pour équation, dans le cas présent,

$$z = -h.$$

L'équation de la section de la surface conique par ce plan est donc

$$x^2 + y^2 = h^2 \tang^2 \alpha;$$

la trace des plans horaires sur ce même plan, est aussi

$$x \sin L + y \cot AH - h \cos L = 0.$$

En combinant ensemble ces deux équations, on trouve les coordonnées des points où ces traces se rencontrent, et où doivent aboutir les lignes horaires; on a d'abord

$$y^2 (\cot^2 AH + \sin^2 L) - 2hy \cot AH \cos L$$
$$= h^2 (\tang^2 \alpha \sin^2 L - \cos^2 L),$$

et ensuite

$$y = h \left\{ \frac{\cot AH \cos L \pm \sin L \sqrt{\tang^2 \alpha (\cot^2 AH + \sin^2 L) - \cos^4 L}}{\cot^2 AH + \sin^2 L} \right\},$$

puis

$$x = h \left\{ \frac{-\sin L \cos L \pm \cot AH \sqrt{\tang^2 \alpha (\cot^2 AH + \sin^2 L) - \cos^2 L}}{\cot^2 AH + \sin^2 L} \right\}.$$

y et x sont les coordonnées des points de la base par où doivent passer les lignes horaires; et comme elles doivent d'ailleurs passer aussi par le sommet, on a donc tout ce qu'il faut pour les tracer. Mais on n'aura pas même besoin de calculer ces formules, si l'on a soin de mener sur le plan donné la trace du plan horaire. Le point où cette trace rencontrera la circonférence de la base du cône, sera le point cherché.

16°. Plaçons l'axe du cône dans le plan de l'équateur, sans le faire sortir du plan du méridien ; changeons en même temps les axes des coordonnées. Soit l'axe du cône celui des z', l'axe du monde celui des x', et l'intersection du cercle horaire de six heures avec l'équateur, l'axe des y' ; les choses seront alors dans les mêmes circonstances que tout à l'heure. L'équation de la surface sera encore

$$z'^2 \tang^2 \alpha - y'^2 - x'^2 = 0;$$

celle de sa base parallèle au plan des $x'y'$ sera aussi

$$y'^2 + x'^2 = h^2 \tang^2 \alpha ;$$

l'équation des cercles horaires rapportés aux nouveaux plans est

$$y' = z' \tang AH,$$

et leur trace sur le plan de la base a pour équation

$$y' = -h \tang AH;$$

leurs rencontres avec la circonférence de la base ont pour équations

$$y' = -h \tang AH \ldots x' = \pm h \sqrt{\tang^2 \alpha - \tang^2 AH}.$$

Au moyen de ces valeurs, il sera facile de tracer les lignes horaires sur la surface conique donnée.

Si l'axe du cône étant toujours dans la même situation, l'on supposait que le cône reposât sur un plan horizontal ; alors reprenant l'équation première de la surface conique, et observant que $b = 0$ et $a = \tang L$, on aurait pour l'équation de cette surface

$$x^2 (\sin^2 L - \cos^2 \alpha) - y^2 \cos^2 \alpha + z^2 (\cos^2 L - \cos^2 \alpha) + 2zx \sin L \cos L = 0;$$

sa trace sur un plan horizontal dont l'équation est $z = -h'$, est

$$x^2 (\sin^2 L - \cos^2 \alpha) - y^2 \cos^2 \alpha - 2h'x \sin L \cos L = h'^2 (\cos^2 \alpha - \cos^2 L);$$

la trace des cercles horaires sur ce même plan étant toujours

$$x \sin L + y \cot AH - h' \cos L = 0,$$

ces deux équations combinées donneront d'abord

$$x^2\left\{\cot^2 AH(\sin^2 L - \cos^2\alpha) - \sin^2 L\cos^2\alpha\right\}$$
$$- 2h'x\sin L\cos L(\cot^2 AH - \cos^2\alpha)$$
$$= h'^2\left\{\cot^2 AH(\cos^2\alpha - \cos^2 L) + \cos^2 L\cos^2\alpha\right\},$$

d'où l'on tirera ensuite par les règles ordinaires,

$$x = h'\left\{\frac{\sin L\cos L(\cot^2 AH - \cos^2\alpha)\pm\cot AH\cos\alpha\sqrt{\cot^2 AH\sin^2\alpha - \cos^2\alpha}}{\cot^2 AH(\sin^2 L - \cos^2\alpha) - \sin^2 L\cos^2\alpha}\right\}..$$

$$y = h'\left\{\frac{\cos L\cot AH\cos^2\alpha\pm\sin L\cos\alpha\sqrt{\cot^2 AH\sin^2\alpha - \cos^2\alpha}}{\cot^2 AH(\sin^2 L - \cos^2\alpha) - \sin^2 L\cos^2\alpha}\right\};$$

ce sont là les coordonnées des points où doivent arriver les lignes horaires ; mais comme on a dit, on peut se dispenser de les calculer, si l'on trace sur le plan horizontal qui sert de base au cône, les intersections des cercles horaires avec ce plan.

17. Enfin, la surface conique pourrait être située de manière que son axe coïncidât avec l'axe du monde. Alors en employant une transformation semblable à celle que l'on a faite pour le cas précédent, l'axe du cône étant l'axe des z', et le plan de l'équateur étant le plan des $x'y'$, on trouverait pour les points de rencontre des lignes horaires avec la base du cône,

$$x' = \pm h\tang\alpha\cos AH, \quad\text{et}\quad y' = \pm h\tang\alpha\sin AH.$$

Si le cône étant toujours dans la même position, sa surface se prolongeait jusqu'à un certain plan horizontal ayant pour équation $z = -h'$; alors en observant que $b = 0$ et que... $a = -\cot L$, l'équation de la surface conique devient

$$x^2(\cos^2 L - \cos^2\alpha) - y^2\cos^2\alpha + z^2(\sin^2 L - \cos^2\alpha)$$
$$- 2zx\sin L\cos L = 0.$$

Celle de sa trace sur le plan horizontal est alors :

$$x^2(\cos^2 L - \cos^2\alpha) - y^2\cos^2\alpha$$
$$+ 2h'x\sin L\cos L = h'^2(\cos^2\alpha - \sin^2 L);$$

cette équation combinée avec la trace des cercles horaires sur le même plan horizontal, donne d'abord

$$x^2\left\{\cot^2 AH(\cos^2 L - \cos^2\alpha) - \sin^2 L\cos^2\alpha\right\}$$
$$- 2h'x\sin L\cos L(\cot^2 AH + \cos^2\alpha)$$
$$= h'^2\left\{\cot^2 AH(\cos^2\alpha - \sin^2 L) + \cos^2 L\cos^2\alpha\right\},$$

et de celle-ci on tire par les procédés ordinaires

$$x = h' \left\{ \frac{\sin L \cos L (\cot^2 AH + \cos^2 \alpha) \pm \cot AH \sin \alpha \cos \alpha \sqrt{\cot^2 AH + 1}}{\cot^2 AH (\cos^2 L - \cos^2 \alpha) - \sin^2 L \cos^2 \alpha} \right\}$$

$$y = h' \left\{ \frac{\cot AH \cos L \sin^2 \alpha \pm \sin L \sin \alpha \cos \alpha \sqrt{\cot^2 AH + 1}}{\cot^2 AH (\cos^2 L - \cos^2 \alpha) - \sin^2 L \cos^2 \alpha} \right\}.$$

Nous ferons sur ces valeurs les mêmes observations que sur les précédentes, c'est-à-dire, qu'on peut aisément, sans les calculer, trouver sur la base horizontale du cône, les points où doivent arriver les lignes horaires.

§ *Sur les surfaces de l'ellipsoïde, de l'hyperboloïde et du paraboloïde de révolution.*

18°. Cherchons encore les intersections des cercles horaires avec l'ellipsoïde de révolution, et supposons que l'axe de la surface coïncide avec l'axe des z, et que son centre soit placé à l'origine des coordonnées. L'équation de la surface est

$$x^2 + y^2 = \frac{b^2}{a^2}(a^2 - z^2);$$

sa section par un plan horizontal dont l'équation est $z = -h$, sera

$$x^2 + y^2 = b^2 - \frac{b^2}{a^2} h^2.$$

Cette équation combinée avec la trace des cercles horaires sur le même plan, donne pour les coordonnées des points de rencontre,

$$y = \frac{h \cot AH \cos L \pm \sin L \sqrt{\left(b^2 - \frac{b^2 h^2}{a^2}\right)(\cot^2 AH + \sin^2 L) - h^2 \cos^2 L}}{\cot^2 AH + \sin^2 L}$$

et

$$x = \frac{-h \cos L \sin L \pm \cot AH \sqrt{\left(b^2 - \frac{b^2 h^2}{a^2}\right)(\cot^2 AH + \sin^2 L) - h^2 \cos^2 L}}{\cot^2 AH + \sin^2 L}$$

19°. Pour l'hyperboloïde de révolution autour d'un axe vertical, l'origine étant au centre, on a d'abord l'équation de la

6

surface

$$x^2 + y^2 = \frac{b^2 z^2}{a^2} - b^2;$$

la trace de cette surface sur le plan horizontal $z = -h$, est aussi

$$x^2 + y^2 = \frac{b^2 h^2}{a^2} - b^2,$$

et cette équation traitée avec celle que donne la trace des cercles horaires sur le même plan, conduit aux résultats suivans :

$$y = \frac{h\cos L \cot AH \pm \sin L \sqrt{\left(\frac{b^2 h^2}{a^2} - b^2\right)(\cot^2 AH + \sin^2 L) - h^2 \cos^2 L}}{\cot^2 AH + \sin^2 L},$$

et

$$x = \frac{-h\sin L\cos L \pm \cot AH \sqrt{\left(\frac{b^2 h^2}{a^2} - b^2\right)(\cot^2 AH + \sin^2 L) - h^2 \cos^2 L}}{\cot^2 AH + \sin^2 L}.$$

20°. Enfin, pour le paraboloïde de révolution autour d'un axe vertical, l'origine étant au sommet, on a d'abord pour équation de sa surface

$$x^2 + y^2 + pz = 0;$$

sa trace sur le plan horizontal $z = -h$ a pour équation

$$x^2 + y^2 - ph = 0,$$

et cette équation, combinée avec la trace des cercles horaires sur le même plan, donne pour résultats les valeurs suivantes :

$$y = \frac{h \cot AH \cos L \pm \sin L \sqrt{ph(\cot^2 AH + \sin^2 L) - h^2 \cos^2 L}}{\cot^2 AH + \sin^2 L},$$

et,

$$x = \frac{-h \sin L \cos L \pm \cot AH \sqrt{ph(\cot^2 AH + \sin^2 L) - h^2 \cos^2 L}}{\cot^2 AH + \sin^2 L}.$$

Pl. 1.

Problème 1.ᵉʳ

Problème 2.ᵉᵐᵉ 1.ᵉʳ Cas.

Gravé par Ambroise TARDIEU, Quai des Augustins, N.° 59.

Pl. 2.

Problème 2ème 2e Cas.

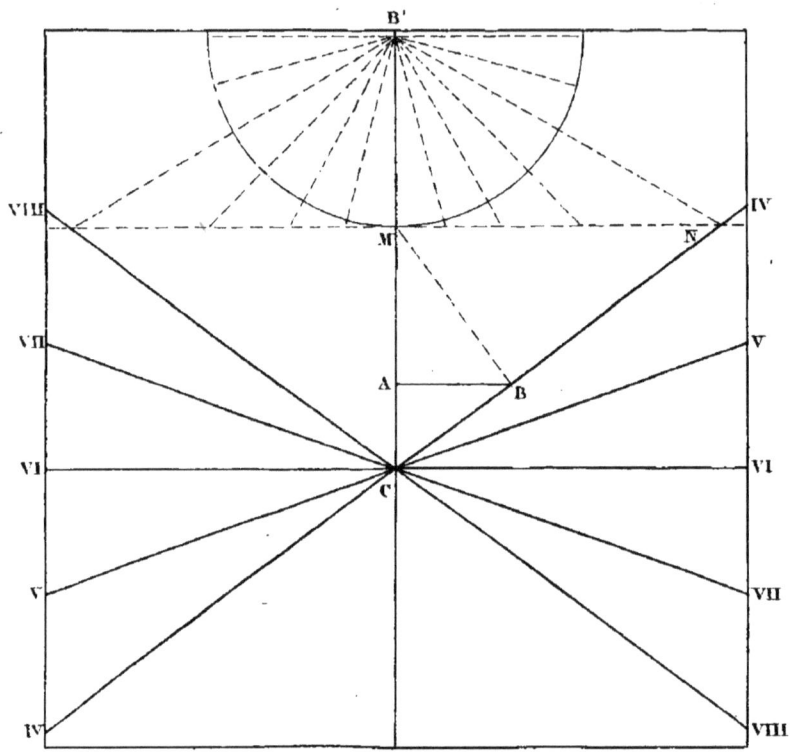

Problème Accessoire.

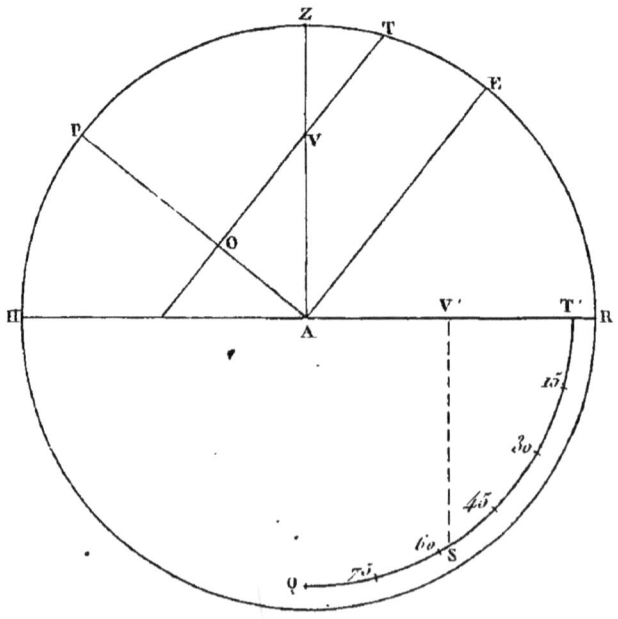

Pl. 3.

Problème 3ème

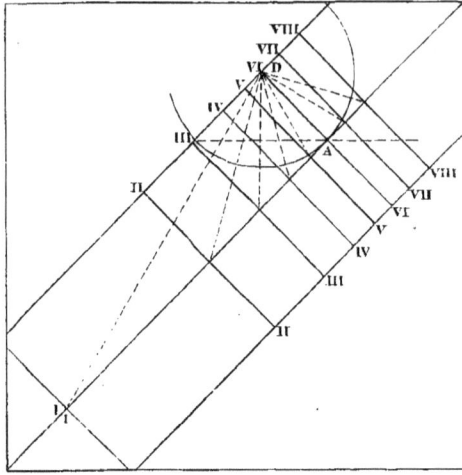

Problème 4ème

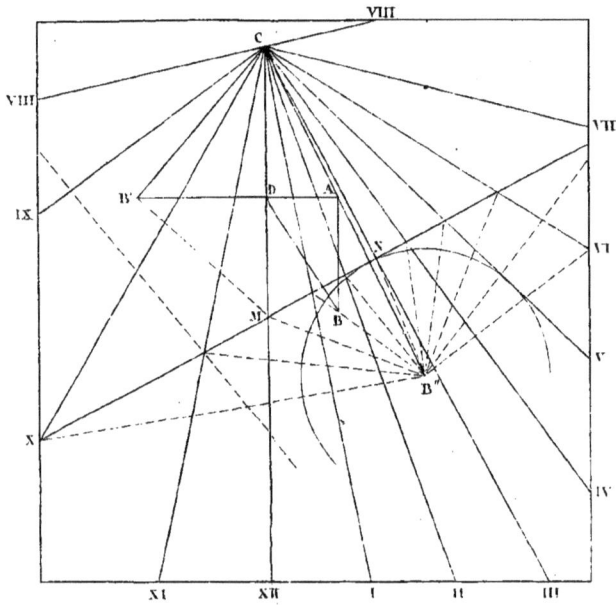

Pl. 4.

Problème 5ᵉᵐᵉ

Problème 7ᵉᵐᵉ

Pl. 5.

Problème 8ème

Pl. 6.

Probléme 10ᵉᵐᵉ 1ᵉʳ Cas.

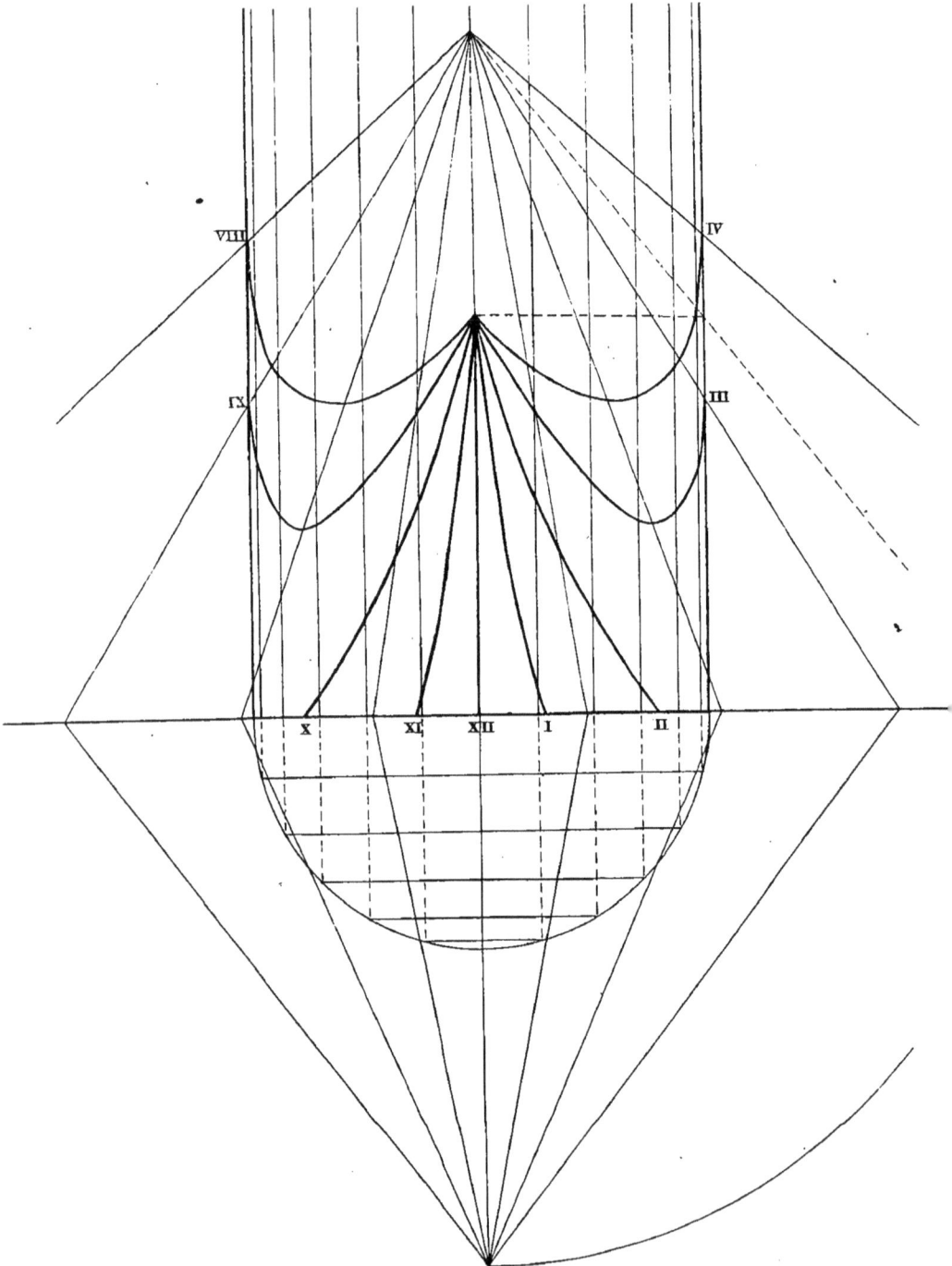

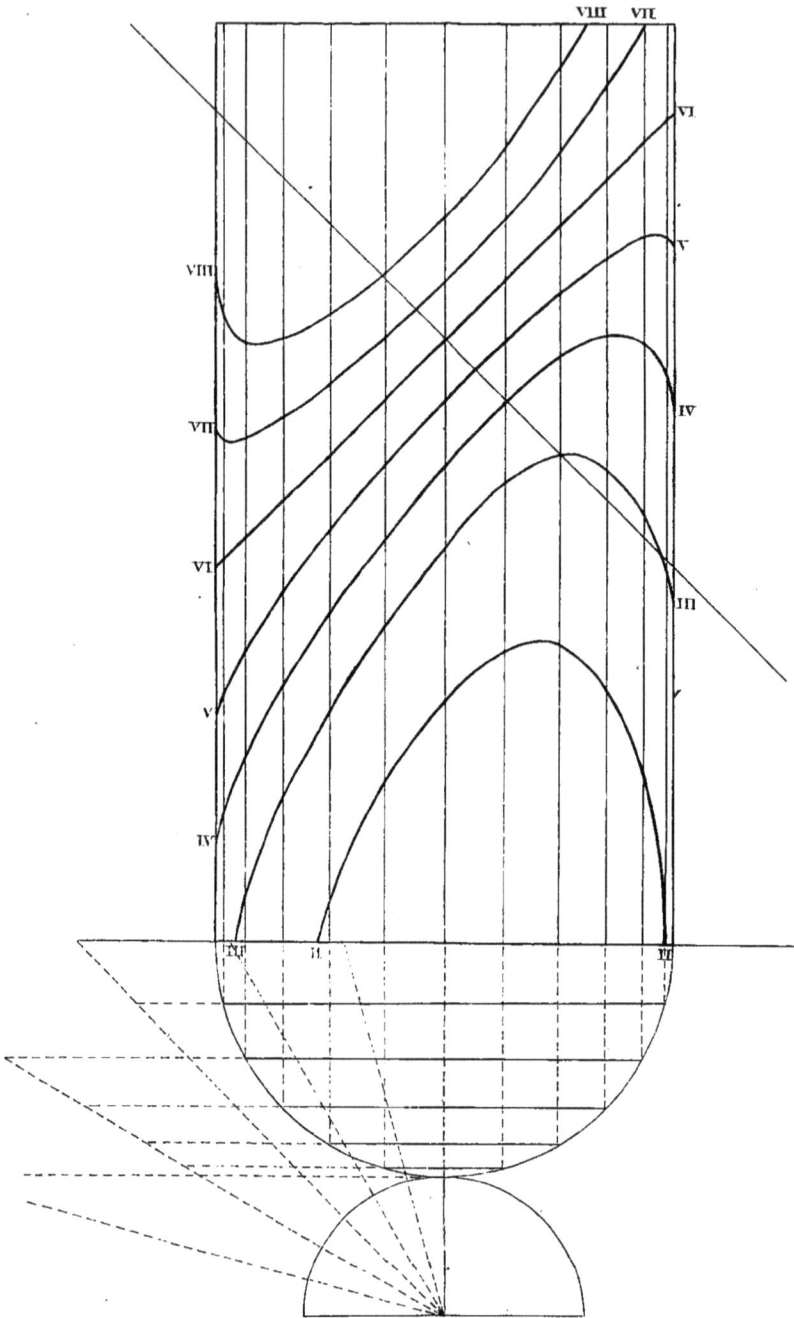

Pl. 7.

Pl. 8.

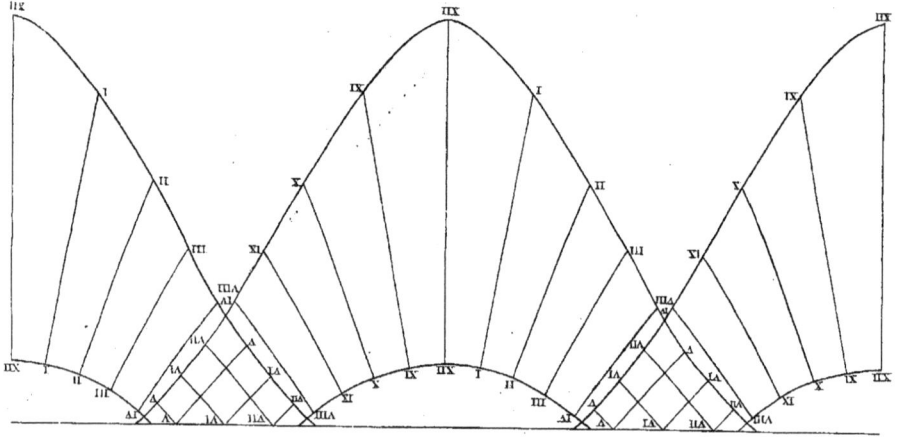

Problème 11.me Développement du Cintron volure .

qualité à $\frac{8}{12}$, coûtent donc 1000^f en argent comptant (9e pro-blème, page 77), ou 1210^f payables dans deux ans. Ainsi, 50^m de drap de 2e qualité à $\frac{8}{12}$, payables dans deux ans, coûtent au marchand, 1210^f aux conditions du 1er marché et 1200^f aux conditions du 2e marché. La seconde spéculation est donc la plus avantageuse.

Règles de compagnie ou de société.

23e PROBLÈME. *Les mises de trois associés sont* 300^f, 500^f *et* 700^f *le gain total est* 4500^f. *On demande le gain de chaque associé.* Si le gain relatif à la mise 1^f était connu, il suffirait de le multiplier par le nombre des francs de chaque mise, pour obtenir les gains demandés; mais la somme des mises est 1500^f; on peut donc dire :

la mise totale 1500^f procurant un bénéfice de 4500^f

la mise   1^f procure le gain $\frac{4500^f}{1500}$ ou 3^f

la mise 300^f procure le gain 300 fois 3^f ou   900^f
la mise 500^f procure le gain 500 fois 3^f ou 1500^f
la mise 700^f procure le gain 700 fois 3^f ou 2100^f.

Les gains des associés sont donc 900^f, 1500^f et 2100^f. Ces nombres satisfont à toutes les conditions du problème, car la somme des gains partiels est égale au gain total, et le gain total étant le triple de la mise totale, les gains des associés sont les triples des mises.

24e PROBLÈME. *Les mises de trois associés sont* 100^f, 250^f *et* 50^f *la première mise est restée* 3 *mois dans la société, la seconde* 2 *mois, et la troisième* 14 *mois; le gain total est* 4500^f. *Quel est le gain relatif à chaque mise?* Le gain de chaque associé dépend de sa mise et du temps qu'elle est restée dans la société. Si toutes les mises étaient restées le même temps, les gains seraient faciles à déterminer ; il faut donc chercher quelles doivent être les mises pour que chacune d'elles restant le même temps dans la société, elles procurent les gains demandés. Or,

Sur le plan du premier vertical on a pour l'équation de l'intersection, qui est aussi l'une de ces trois courbes, ou une ligne droite

$$z^2 (\sin^2 L - \sin^2 D) - y^2 \sin^2 D$$
$$+ 2hz \sin L \cos L = h^2 (\sin^2 D - \cos^2 L).$$

Mais pour tracer ces courbes avec plus de facilité, il suffit de trouver les points où elles rencontrent les lignes horaires, tracées sur le même plan. Les équations de ces lignes sont alors, pour le plan horizontal,

$$x \sin L + y \cot AH - h \cos L = 0,$$

et pour le plan du premier vertical

$$z \cos L + y \cot AH - h \sin L = 0;$$

celles de leurs points de rencontre avec la trace de la surface conique sur le plan horizontal, sont (nº 17), .

$$x = h \left\{ \frac{\sin L \cos L (\cot^2 AH + \sin^2 D) \pm \cot AH \sin D \cos D \sqrt{\cot^2 AH + 1}}{\cot^2 AH (\cos^2 L - \sin^2 D) - \sin^2 L \sin^2 D} \right\},$$

$$y = h \left\{ \frac{\cot AH \cos L \cos^2 D \pm \sin L \sin D \cos D \sqrt{\cot^2 AH + 1}}{\cot^2 AH (\cos^2 L - \sin^2 D) - \sin^2 L \sin^2 D} \right\}.$$

Les formules sont les mêmes pour le premier vertical, en mettant au dénominateur $\sin L$ au lieu de $\cos L$, et $\cos L$ au lieu de $\sin L$, et substituant z à la place de x.

3º. Enfin, si l'on désire de tracer la ligne équinoxiale sur un plan vertical quelconque dont la déclinaison est D' et dont l'équation est $x' = -h$, on aura pour l'équation de cette droite

$$z' = (y' \sin D' + h \cos D') \cot L ;$$

comme on l'aurait trouvé en employant l'équation du plan de l'équateur, qui est, en le rapportant aux plans primitifs,

$$x \cos L - z \sin L = 0,$$

y est quelconque, et B est o.

FIN.

APPENDICE.

1°. On peut désirer de marquer sur la méridienne le moment de l'entrée du soleil dans chaque signe de l'écliptique; c'est alors l'extrémité du style, ou le rayon solaire passant par le trou de la plaque que porte le style, qui sert d'indicateur. En appelant h la perpendiculaire abaissée de ce point sur le plan, et x la distance du pied de la perpendiculaire au point cherché, on a pour le plan horizontal, en désignant par D la *déclinaison* du soleil,

$$x = h \tang (L \mp D),$$

et pour le plan du premier vertical,

$$x = h \cot (L \mp D),$$

et pour un plan vertical quelconque dont la déclinaison est D', on a

$$x = \frac{h \cot (L \mp D)}{\cos D'};$$

x est ici la partie de la méridienne comptée depuis l'horizontale menée par le pied de la perpendiculaire.

Le signe supérieur est pour la déclinaison boréale, et le signe inférieur pour la déclinaison australe. Quant à la déclinaison du soleil à son entrée dans chaque signe, on la trouvera par la formule $\sin D = \sin long. \sin obliq.$ Elle est d'ailleurs jour par jour dans les tables du mouvement du soleil.

2°. Si l'on voulait tracer sur le plan donné la route du rayon solaire pendant que le soleil est sur l'horizon, il faudrait regarder l'extrémité du style comme l'origine des coordonnées; et alors il est facile de voir que le rayon solaire décrit une surface conique, dont ce point est le centre, et dont l'axe est l'axe même du monde, et coïncide par conséquent avec le style. Tout se réduit donc à chercher l'intersection de cette surface courbe avec le plan donné. Si c'est un plan horizontal ayant pour équation $z = -h$, cette intersection aura, comme au n° 17, pour équation

$$x^2 (\cos^2 L - \cos^2 \alpha) - y^2 \cos^2 \alpha$$
$$+ 2hx \sin L \cos L = h^2 (\cos^2 \alpha - \sin^2 L),$$

α étant l'angle que la génératrice fait avec l'axe du cône, on trouve ici que $\cos \alpha = \sin D$; l'équation devient donc :

$$x^2 (\cos^2 L - \sin^2 D) - y^2 \sin^2 D$$
$$+ 2hx \sin L \cos L = h^2 (\sin^2 D - \cos^2 L).$$

Cette équation convient à une hyperbole, lorsque $\cos L > \sin D$; à une parabole quand $\cos L = \sin D$; et à une ellipse quand $\cos L < \sin D$: elle appartient à une ligne droite, lorsque $\sin D = 0$.

www.ingramcontent.com/pod-product-compliance
Lightning Source LLC
Chambersburg PA
CBHW071518200326
41519CB00019B/5983